新型农民现代农业技术与技能培训丛书

家兔防疫员培训教材

任克良　编著

金盾出版社

内 容 提 要

本书是"新型农民现代农业技术与技能培训丛书"的一个分册，由山西省农业科学院畜牧兽医研究所专家编著。内容包括：家兔防疫员的岗位职责与素质要求，家兔防疫员须掌握的基本知识与技能，兔场防疫体系的建立与实施，兔场的防疫消毒，兔群免疫接种和家兔常见传染病的综合防治，兔群驱虫技术和家兔寄生虫病的综合防治，兔场兽医统计工作等。本书可作为县（市）、乡（镇）和养兔企业家兔防疫员的培训教材或自学使用，亦可供农业院校相关专业师生阅读参考。

图书在版编目(CIP)数据

家兔防疫员培训教材/任克良编著．—北京：金盾出版社，2008.6

（新型农民现代农业技术与技能培训丛书）

ISBN 978-7-5082-5104-2

Ⅰ.家… Ⅱ.任… Ⅲ.兔病-防疫-技术培训-教材 Ⅳ.S858.291

中国版本图书馆 CIP 数据核字(2008)第 070809 号

金盾出版社出版、总发行

北京太平路 5 号（地铁万寿路站往南）

邮政编码：100036 电话：68214039 83219215

传真：68276683 网址：www.jdcbs.cn

封面印刷：北京蓝迪彩色印务有限公司

正文印刷：京南印刷厂

装订：桃园装订有限公司

各地新华书店经销

开本：850×1168 1/32 印张：4.625 字数：86 千字

2012 年 1 月第 1 版第 2 次印刷

印数：10 001～15 000 册 定价：9.00 元

序　言

中共中央、国务院[2007]1号文件明确指出，加强“三农”工作，积极发展现代农业，扎实推进社会主义新农村建设，是全面落实科学发展观、构建社会主义和谐社会的必然要求，是加快社会主义现代化建设的重大任务。

我国农业人口众多，发展现代农业、建设社会主义新农村，是一项伟大而艰巨的综合工程，不仅需要深化农村综合改革、加快建立投入保障机制、加强农业基础建设、加大科技支撑力度、健全现代农业产业体系和农村市场体系，而且必须注重培养新型农民，造就建设现代农业的人才队伍。

胡锦涛总书记在党的十七大报告中进一步指出，要培育有文化、懂技术、会经营的新型农民，发挥亿万农民建设新农村的主体作用。

新型农民是一支数以亿计的现代农业劳动大军，这支队伍的建立和壮大，只靠学校培养是远远不够的，主要应通过对广大青壮年农民进行现代农业技术与技能的培训来实现。金盾出版社在对农业岗位培训进行广泛调研的基础上，与中国农业大学老科技工作者协会、华中农业大学老教授协会等单位共同策划，约请数百名农业专家、学者参加，组织编写了“新型农民现代农业技术与技能培训丛书”(以下简称“丛书”)。“丛书”坚持从现阶段我国青壮年农民的文化技术水平出发，突出现代农业技术与技能的传授，注重其先进性和实用性；“丛书”以教材形式编写，共有88个分册，涉及81个农业岗位，除水稻农艺工、蔬菜园艺工、蔬菜植保员、果树植保员分南方本和北方本外，其他均为一个岗位一本培训教材，以方便县(市)、乡(镇)、村组织新型农民培训和农业企业进行岗位培训时选用。“丛书”的组编和出版，还得到了河北农业大学、沈阳农业大学、西北农林科技大学、甘肃农业大学、北京农学院、山东畜牧兽医职业技术学院、大连民族学院、中国农业科学院茶叶研究所、中国农业科学院油料研究所、中国农业科学院郑州果树研究所、中国农业科学院特产研究所、中国农业科学院桑蚕研究所、中国养蜂学会、内蒙古自治区农牧科学院、甘肃省蔬菜研究所、山东省果树研究所、广西壮族自治区柑桔研究所、山西省畜牧兽医研究所等单位部分专家、教授的支持和参与，并列入劳动和社会保障部《全国职业培训与技能鉴定用书目录》，进行推荐，使我们深感欣慰，在此表示衷心感谢。我们希望和相信，通过“丛书”的出版发行，能为新型农民队伍的发展壮大贡献一份力量，也能为现代农业技术与技能培训积累一些可供借鉴的经验。

“丛书”编写时间有限，各分册存在不足或错漏在所难免，恳请同仁和各使用单位批评指正。

编 委 会

2008 年 1 月

前　言

随着我国养兔生产向专业化、规模化方向发展，我国大、中型兔场数量迅猛增加，它在我国家兔生产中占有重要的地位。但规模养兔场需要设置专门的防疫员，防疫员在兽医指导下对兔群防疫保健工作进行具体实施，以保证兔群安全生产。为此，对防疫员进行系统的技术培训迫在眉睫，应金盾出版社邀请，我们编写了《家兔防疫员培训教材》一书。

本书系统介绍了作为防疫员应掌握的基本理论知识和操作技能，同时考虑到目前我国广大规模养兔场许多防疫员还兼顾着兽医师工作这一现状，书中部分内容也对兽医师工作进行扼要阐述。本书内容包括：家兔防疫员的岗位职责与素质要求，家兔防疫员须掌握的基本知识与技能，兔场防疫体系的建立与实施，兔场的防疫消毒，兔群免疫接种和家兔常见传染病的综合防治，兔群驱虫技术和家兔寄生虫病的综合防治，兔场兽医统计工作等七章。较全面地介绍了家兔防疫员的岗位工作内容，语言通俗易懂，技术实用性强，内容先进，图文并茂。

在编写过程中，得到了山西省农业科学院畜牧兽医研究所养兔研究室、兔病课题组同仁以及梁全忠、薛家宾、陈怀涛、贺东昌、韩一超、任家玲、薛邦群等研究员、教授的大力支持。中国养兔杂志社的朱满兴、娄志荣、翟频等老师也给予协助，本书还参考了国内外其他学者出版的著作，在此一并表示感谢！

尽管笔者为本书之面世也做了不小努力，但由于时间仓促和水平有限，书中的缺点和错误在所难免，恳请广大读者批评指正，以便在修订时加以改正。

任 克 良

2008 年 3 月于太原

目　录

第一章　家兔防疫员的岗位职责与素质要求

家兔属于一种小型草食动物，具有体格小，抗病力差，一旦患病，往往来不及治疗、治疗效果差或经济上不合算，因此养兔生产中必须贯彻“预防为主，防重于治”的方针。做好日常兔群防疫保健工作是控制各种疾病，尤其是传染病的流行和发生，取得较高经济效益的重要保障。

一、家兔防疫员的岗位职责

兔群防疫保健工作一般由兔场兽医师、防疫员和饲养人员等共同来完成。大型兔场和养兔小区应设专职兽医师和防疫员，较小兔场一般兽医师和防疫员工作合二为一，由一人担任。防疫员的工作内容是在兽医领导下进行具体操作的技术人员。协助兽医做好家兔疾病防治工作、实现兔群保健目标，在兽医出具处方或防治方案后进行具体的防治操作。

作为主要负责实施兔场兽医卫生防疫工作的防疫员，其职责主要有以下 3 个方面。

(一)搞好防疫消毒

负责管理、维护由兔场办公区进入生产区的防疫消毒通道，做好兔场职工日常防疫管理、监督工作；做好场区内环境消毒器材、消毒剂的保管，并指导各生产群的日常消毒工作。

(二)做好免疫接种

参与兔群防疫程序的制订；在饲养人员的协助下对兔群进行日常健康检查、记录、统计，及时向兽医汇报兔群健康情况；参与病兔的诊断和防治方案的制订，配合兽医做好场内兔群检疫和免疫注射工作。

(三)积极控制疫病流行

密切关注兔群健康状况和周边地区疫情发生状况，发现问题及时向兽医部门报告，将疫情隐患消灭在未造成损失之前。

发生疫情时，积极配合上级主管单位和兽医做好发病兔群的隔离、封锁、防控和观察工作；在兽医确定防控方案后，做好具体的预防和扑灭工作。

二、家兔防疫员的素质要求

家兔防疫员的工作看似简单，但涉及的知识范围较广，不仅要掌握注射、灌药等基本技能，还必须深刻理解兔病发生、传播等环节的基本知识。另外，还需要认识兔病防治特点和基本的诊断、药理等知识。所以，家兔防疫员不仅是一个技能性工种，而且还必须具有一定的专业技术知识做支撑。一名优秀的家兔防疫员应具备以下基本素质。

(一)技术业务素质

家兔防疫员是兔场兽医的助手,在完成兔群保健和疾病诊断、防治中起着重要作用。因此,家兔防疫员应具有以下技术业务能力。

第一,对家兔的外形、基本解剖特点有较充分地了解,了解家兔疾病发生原因、分类、发生特点及传染病防治知识。

第二,熟悉家兔生产过程,深刻理解兔场防疫的基本内容,掌握消毒技术、免疫接种技术和驱虫技术。

第三,掌握药物保存方法,了解家兔常用药物适应症和使用方法。

第四,掌握兔场兽医统计内容和方法。

(二)思想素质

1. 热爱本职工作,具有强烈的责任心　养殖业是一项十分辛苦、环境条件较差的行业,对于防疫员工作更是如此。因此,防疫员要从内心热爱本职工作,否则即使有很高的理论水平和操作能力,也做不好这项工作。同时,家兔体小、抗病力差,兔群检查、防疫过程稍不留意或不到位,就会造成死亡或群发疾病流行,因而要求家兔防疫员要有强烈的责任心和良好的职业道德。

2. 具有处理好人际关系的能力　防疫员的工作不是孤立的,不仅要接受兽医的领导和指导,而且与饲养人员、饲料加工人员、管理人员的工作息息相关。因此,要注意处理好与饲养管理人员的关系,经常倾听他们对各自兔群的反映，及时与兽医进行交流，对一些疾病的发生要及时、全面地了解，以便更准确、更有效地控制疫病的流行。

3. 具有与时俱进的工作态度 兔病的流行、发生特点不是一成不变的，因此防疫员也要经常关注家兔疫情报道和一些兔病相关研究成果。及时学习和采用新技术，提高自身的理论水平和操作技能。采用新成果、新观点和新技术，可有效提高兔群疫病防制效果。

第二章　家兔防疫员须掌握的基本知识与技能

家兔防疫员的工作职责是在兽医领导下完成兔场的防疫，协助兽医做好兔病的诊断和治疗。因此，家兔防疫员应了解家兔机体的结构特点和兔病的发生、分类及防治特点，掌握兔病诊断基本技术和一般治疗技术，这是家兔防疫员完成工作目标的基本知识保障。

一、家兔的机体结构及其特点

(一)家兔的外形特点

家兔身体是两侧对称的，以内部骨骼为基础，体表可分为头、躯干和四肢 3 部分(图 2-1，图 2-2)。

1. 头　位于兔体最前方，以内眼角和颧弓为界又可分为上方的颅部和下方的面部。

(1)颅部　又可分为：①枕部：位于头颈交界处，耳根之后。②顶部：位于耳根之前。③额部：位于顶部之前，左右眼眶之间。④颞部：位于耳根与眼

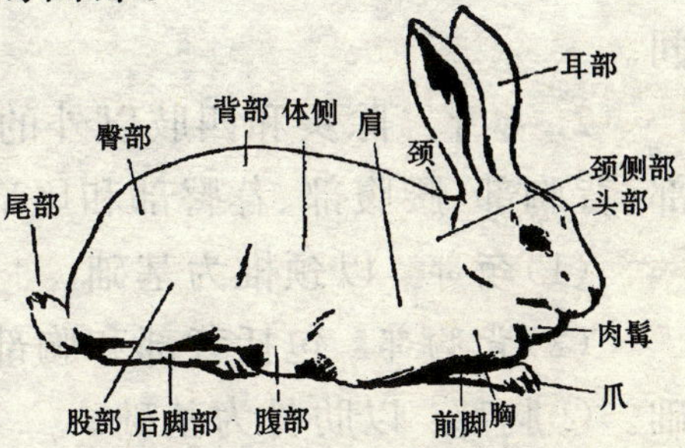

图 2-1　家兔外观各部位名称

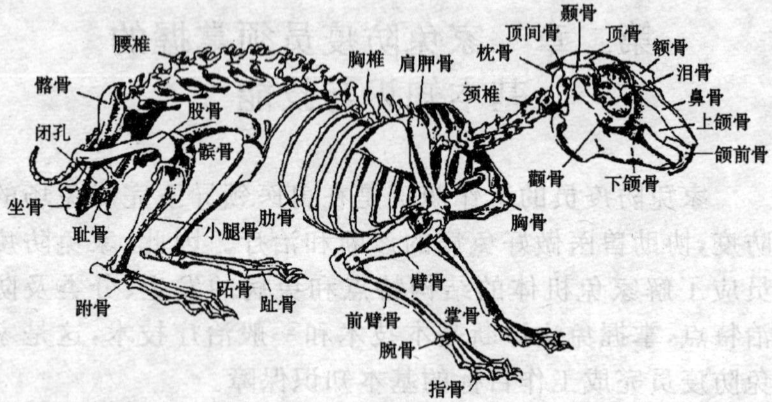

图 2-2　兔的骨骼

之间。⑤耳郭部：指耳及耳根附近。⑥眼部：包括眼及眼睑。

(2)面部　又可分为：①鼻部：位于额部前方。②唇部：包括上唇和下唇，兔上唇中央有纵裂，俗称豁嘴。③颊部：位于唇部之后，咬肌部前方。④咬肌部：位于颞部腹侧，为咬肌所在部位。⑤下颌间隙部：位于两下颌之间。

2. 躯干　除头和四肢以外的部分称为躯干。包括颈部、背胸部、腰腹部、荐臀部和尾部。

(1)颈部　以颈椎为基础。

(2)背胸部　包括背部和胸部。①背部：以胸椎为基础。②胸部：以肋骨为基础。

(3)腰腹部　包括腰部和腹部。①腰部：以腰椎为基础，兔腰部比背部发达。②腹部：指软腹壁部。

(4)荐臀部　位于腰部与尾部之间。

(5)尾部　指兔的尾巴。

3. 四肢　包括前肢和后肢。

(1)前肢　借肩胛和臂部与背胸部相连，以前肢骨为基础，自上而下可分为肩胛部、臂部、前臂部和前脚部。前脚部又包括腕部、掌部和指部。

(2)后肢　在臀部之下，依次为大腿部、小腿部和后脚部，后脚部又包括跗部、跖部和趾部。

兔为跖趾行动物，前肢的腕部、掌部和指部，后肢的跗部、跖部和趾部全着地，大体型兔长期在笼底上活动，易发生脚皮炎(脚掌炎)。

(二) 家兔的部分器官、系统及特点

家兔的内脏器官见图 2-3。

1. 消化系统　兔消化系统的功能就是摄取食物、消化食物、吸收养分、排出粪便。消化系统包括消化管和消化腺。

食物及糟粕通过的管道，称为消化管。包括口腔、咽、食管、胃、小肠、大肠和肛门。能分泌消化液的腺体，称为消化腺。消化腺分壁内腺和壁外腺，壁内腺是消化管壁内的腺体，如胃腺、肠腺等。壁外腺是位于消化管壁外面，形成独立器官，以导管把消化液导入消化管的腺体，如唾液腺、肝、胰等。

兔消化系统的主要结构特点有：①上唇中央有纵裂，形成豁嘴。上门齿是前、后两排的双门齿型，前一

排为大门齿，终生生长，后一排为小门齿。②胃为单室腺型胃，胃腺分泌的胃液有较强的消化能力。③肠管很长，小肠和大肠的总长度达5米左右，青年兔为体长的14.4倍，成年兔为体长的10倍。十二指肠袢呈"U"字形，透过空肠和回肠壁能很清楚地看到有6～8个集合淋巴结。回肠末端的膨大部为圆小囊。盲肠壁内面有螺旋瓣，末端有细而壁厚的蚓突。升结肠前部有纵肌带和肠袋，结肠、直肠结合处有S形弯曲，直肠末端有1对直肠腺。④圆小囊和蚓突是兔所特有的结构，其壁较厚，由发达的肌组织和丰富的淋巴组织构成，是兔的重要免疫器官之一。⑤兔的盲肠特别发达，经小肠消化、吸收后的剩余食糜和原封不动的纤维素进入盲肠，这里面有大量细菌对其进行发酵分解。盲肠和升结肠有明显的蠕动和逆蠕动现象。盲肠的蠕动把食糜推入结肠，结肠的逆蠕动又把食糜返回到盲肠。这样，食糜在

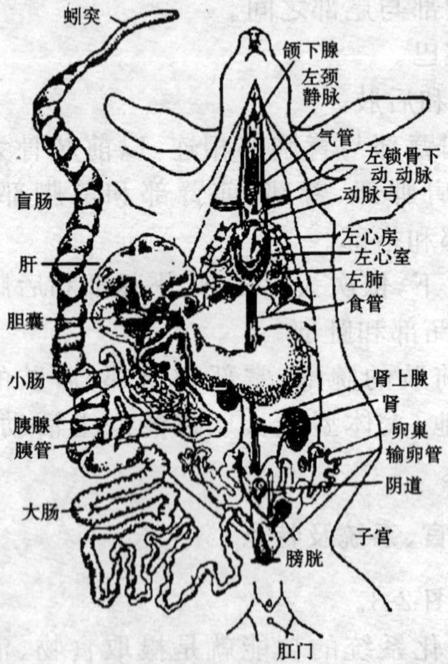

图 2-3　内脏(雌)

盲肠和结肠间反复移动，保证了微生物对纤维素的充分分解。纤维素经过微生物消化后，分解为可以被吸收的简单物质，由盲肠和结肠壁吸收入血液和淋巴。其糟粕在结肠后段（横、降结肠）和直肠内形成粪球，经肛门排出体外。⑥唾液腺有4对，较其他家畜多1对眶下腺。肝的分叶明显，胰管与胆总管的开口相距较其他家畜远得多。

2. 泌尿系统　泌尿系统由肾、输尿管、膀胱和尿道组成，其主要功能是以尿的形式排出兔体在新陈代谢过程中产生的废物和多余的水分，以维持兔体内环境的平衡与稳定。

3. 生殖系统　生殖系统是兔繁殖后代、保证物种延续的系统，它能产生生殖细胞（精子和卵子），并分泌性激素。生殖系统分雄性生殖器官和雌性生殖器官。

（1）**雄兔生殖器官**　雄性生殖器官由睾丸、附睾、输精管、尿生殖道、副性腺、阴茎、包皮和阴囊等构成（图2-4）。

（2）**雌兔生殖器官**　雌性生殖器官由卵巢、输卵管、子宫、阴道、尿生殖前庭和阴门组成（图2-5）。

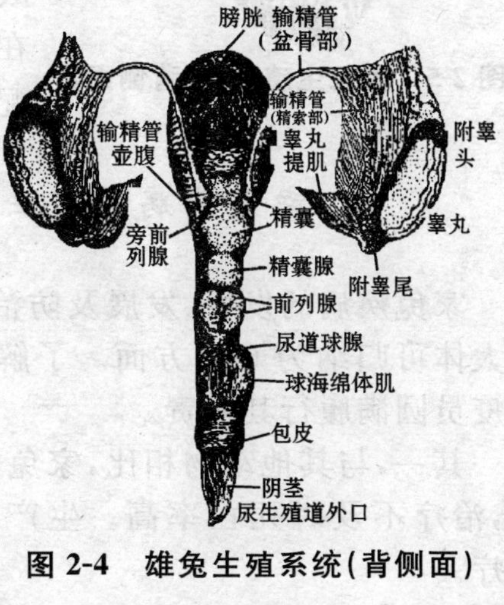

图2-4　雄兔生殖系统（背侧面）

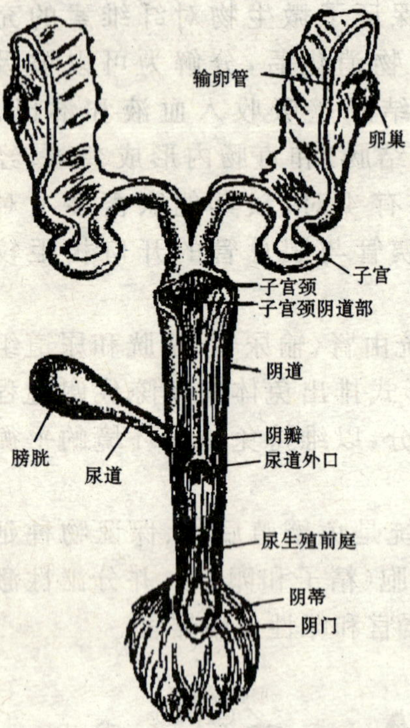

图 2-5　雌兔生殖系统(背侧面)

(3)家兔生殖系统特点

①腹股沟管短而宽，终生不封闭，睾丸和附睾可自由地下降到阴囊和缩回到腹腔。阴茎直，并朝向后方，阴茎头不具龟头，但稍弯曲。副性腺为4对。比其他家畜多1对旁前列腺。

②卵巢表面有发育程度不同的卵泡，发情并不排卵，只有给予配种刺激或注射激素才能排卵，故属刺激性排卵动物。在生产过程中，采用强制配种，也能受胎。

二、家兔疾病的发生与防治特点

家兔疾病的发生、发展及防治方面有其特点，这些特点大体可归纳为6个方面。了解这些特点，有助于家兔防疫员圆满履行其职责。

其一，与其他动物相比，家兔体小、抗病力差，容易患病，治疗不及时死亡率高。生产中务求及早发现，及时治疗。

其二，单个家兔经济价值较低，如果患病进行治疗，多数情况下治疗效果差，有的虽能治愈，但治疗成本往往较高，因此养兔必须坚持“预防为主”的方针。

其三，家兔腹壁肌肉较薄，若家兔所在环境温度低，腹壁着凉，肠壁受冷刺激而蠕动加快，特别容易引起消化功能紊乱和腹泻，继而导致大肠杆菌、魏氏梭菌等感染而发病，因此应保持家兔所在环境温度相对恒定。

其四，家兔属于小型草食动物，拥有类似与牛、羊等反刍动物瘤胃功能的盲肠，对饲草、饲料的消化主要靠盲肠微生物的发酵来完成。因此，生产中要坚持“定时、定量、定质饲喂，更换饲料要逐步进行”的原则。同时，治疗疾病时慎用抗生素，长期口服大量抗生素，就会杀死或破坏家兔盲肠中的微生物区系，导致消化功能紊乱。这一特点要求我们在预防、治疗兔病中要注意抗生素的种类，使用一种新的抗生素要先做小群试验，同时给药方式以采取注射方式为宜，也要注意用药时间、剂量等。

其五，家兔耐寒怕热。高温季节要注意防中暑。

其六，家兔抗应激能力差。气候、环境等突然变化，往往导致应激的发生，因此生产中尽量减少各种应激，保障兔群健康。

三、家兔疾病的分类

为了便于认识兔病和针对性地采取有效的防治措施，常需要将兔病进行分类。根据兔病发生的原因可将兔病分为传染病、寄生虫病和普通病 3 种。

(一)传染病

传染病是指由病原微生物侵入机体，并在体内生长繁殖而引起的具有传染性的疾病。传染病在兔病中是最重要的一类疾病，而且临床上也最多见，一旦发生，常会造成严重的经济损失。常见的传染病有以下3大类。

1. 病毒性传染病 如兔病毒性出血症(兔瘟)、传染性水疱性口炎、兔痘等。

2. 细菌性传染病 如兔巴氏杆菌病、魏氏梭菌病、大肠杆菌病等。

3. 真菌性传染病 如皮肤真菌病、深部真菌病(曲霉菌性肺炎)等。

(二)寄生虫病

寄生虫病是由寄生虫侵害体表或侵入体内而引起的一类疾病。在临床上，家兔寄生虫病的感染和发生比较普遍，有的能引起严重的疾病，并导致死亡，如兔球虫病；有的虽不引起严重的疾病，却常常表现为带虫者呈亚临床症状，如栓尾线虫、囊尾蚴病等感染。常见的兔寄生虫病有以下3种。

1. 原虫病 如兔球虫病、弓形虫病等。

2. 蠕虫病 如囊尾蚴病、兔蛔虫病、棘球蚴病、肝片吸虫病等。

3. 外寄生虫病 如兔螨病、兔虱病、兔蚤病等。

(三)普通病

普通病是由一般性致病因素引起的一类疾病。引起家兔普通病常见的病因有创伤、冷、热、化学毒物和营养缺乏等。临床上，比较重要和常见的普通病有营养性疾病、中毒病、内科病、外科病及产科病。

1. 营养性疾病　如维生素 A、维生素 B、维生素 D、维生素 E 缺乏症，钙、磷缺乏症，胆碱缺乏症等。

2. 中毒病　如氟中毒、食盐中毒、有机磷化合物中毒、有机氯化合物中毒等。

3. 内科病　如口炎、积食、腹泻、中暑等。

4. 外科病　如外伤、冻伤、眼结膜炎等。

5. 产科病　如难产、乳房炎、不孕症等。

四、家兔传染病的流行与基本防控措施

由特定的病原微生物引起的，具有一定的潜伏期和临床症状，并具有传染性的疾病称为传染病。传染病对家兔危害巨大，防控传染病发生是防疫员的中心工作，根据传染病的发生、发生规律，采取相应的措施，对做好防疫工作具有十分重要的意义。

（一）家兔传染病的特征

家兔传染病具有以下 5 项特征。

第一，每种传染病都是由特定的病原微生物所引起的，如细菌、病毒、真菌、螺旋体等。

第二，都有传染性和流行性。

第三，患传染病的兔体一般都有特异性反应。

第四，耐过兔通常都能获得一定时期的特异性保护力。

第五，一般都具有特征性临床症状。

(二)家兔传染病的流行过程

传染病的流行需要 3 个基本条件，即传染源、传播途径和易感动物。

1. 传染源 指病原体在其中寄居、生长、繁殖并能将其不断排出体外的动物。病兔及隐性感染兔都是重要的传染源。传染源及其排出的活的病原体所在地称疫源地。病原体从传染源排出后，可以停留在饲料、饮水、用具、地面、排泄物、产仔箱及被毛等处，并存活一段时间。疫源地内活的病原体侵入健康兔则会导致传染病的传播。

2. 传播途径 是病原体从病兔体内排出后，侵入健康兔体内所经过的器官和路径。

3. 易感动物 指对某种病原体有易感性而容易发生传染病的动物。

传染源、传播途径和易感动物既是传染病发生的必要条件，又是传染病流行中不可缺少的三大环节，缺少任何一个环节，则流行过程就不会进行。同样，流行开始后，打断其中任何一个环节，流行即告终止。因此，在养兔实践中如果采取消灭传染源和疫源地、切断传播途径、增强兔的抵抗力等防疫措施，就能预防和扑灭兔的传染病。

(三)防控家兔传染病的基本措施

1. 检疫 动物检疫是预防动物疫病发生，及时发现疫病，防止动物疫病扩散蔓延，以及防止疫病传入、传出的重要措施。对兔群要勤观察，重点是鼻炎、真菌病、疥螨、线虫、囊尾蚴等，一旦发现及时隔离治疗或淘汰。需引种和调种的须从非疫区选购，并仔细检查所购兔的群体是否有真菌病等。如果从国外进口种兔，要严格执行《中华人民共和国进出境动植物检疫法》，重点检疫兔瘟、黏液瘤病、魏氏梭菌病、巴氏杆菌病、密螺旋体病、野兔热、球虫病和疥癣病等。引种后需观察 1 个月，怀疑真菌病的要隔离至第一胎出生后，观察是否患毛癣菌病来决定淘汰或混入大群。

2. 免疫接种　免疫接种是给家兔接种免疫原（菌苗、疫苗、类毒素）或免疫血清（抗细菌、抗病毒、抗毒素），使机体自身产生或被动获得特异性免疫力。有组织、有计划地进行免疫接种，是预防和控制动物传染病的一种重要措施。家兔常用免疫接种预防的传染病有兔瘟、魏氏梭菌病、大肠杆菌病、巴氏杆菌病、波氏杆菌病、葡萄球菌病等。

3. 药物预防　大群化学药物预防和治疗是防疫的一个新途径，某些疫病在具有一定条件时，采用此种方法可收到显著的效果，如饲料中添加绿色饲料添加剂如益生素可以预防大肠杆菌病等疾病。

五、兔病诊断基本技术

家兔防疫员应掌握一些基本的疾病检查方法，以便及时发现异常表现，上报给兽医以确定家兔是否患病，可能患何种疾病。同时有助于全面深刻了解兽医的治疗意图。

(一)临床诊断技术

1. 个体临床症状检查 是通过视诊、触诊、叩诊、听诊、嗅诊等方法对兔病进行详细地客观检查。

(1)体况和营养状态的检查 体况和营养是家兔健康好坏及疾病过程的具体表现。健康兔体躯各部均匀,肌肉丰满,骨骼不外露,用手触摸背脊骨背肉丰厚,不易分辨背骨。患病兔表现为消瘦,皮包骨头,用手触摸脊柱骨凸起似算盘珠,两旁凹削时则可能患寄生虫病或慢性疾病,如球虫病、肝片吸虫病、伪结核病、结核病、慢性巴氏杆菌病、慢性波氏杆菌病、腹泻及疥螨病等。同时,也可能是日粮营养不平衡或饲管方法不当所致。

(2)姿势的检查 健康家兔走动、站立、躺卧姿势自然而协调,姿势异常则表现患病。

(3)被毛的检查 健康家兔被毛平顺浓密,有光泽而富弹性。除了换毛季节,如被毛粗糙蓬乱,稀疏,暗淡无光,污浊,均是营养不良或患病的表现,如腹泻病、寄生虫病、慢性消耗性疾病等。如被毛脱落,并呈灰色麸皮样结痂,可能患毛癣菌病或疥癣病。家兔颌下、胸部、前爪被毛湿润则可能患溃疡性齿龈炎、齿病、传染性水疱性口炎、发霉饲料中毒、有机磷农药中毒、大肠杆菌病、坏死杆菌病等。

(4)皮肤的检查 皮肤致密结实而富有弹性是健康兔的表现。检查时应察看皮肤颜色及完整性。并用手触摸身体各部位有无脓肿，光滑与否。鼻端、两耳背及边缘、爪等处被毛脱落，并有麸皮样的结痂物，可能患疥螨病。腹部、背部或其他部位皮肤凸出表现（即脓肿），可能患葡萄球菌病。母兔乳头周围皮肤呈暗紫色或有脓肿，可能患乳房炎。如公兔睾丸皮肤有糠麸样皮屑，肛门周围及外生殖器官的皮肤有结痂，可能患梅毒。如阴囊水肿，包皮、尿道、阴唇出现丘疹，则可疑为兔痘。母兔流产，并从阴道内流出红褐色的分泌物，则疑为李氏杆菌病。口腔、下颌部和胸前部皮肤坏死并有恶臭，可能患坏死杆菌病。另外，检查时要注意有无外伤。

（5）眼睛的检查　健康家兔的眼睛圆而明亮，活泼有神，眼角干净无脓性分泌物。如眼睛呆滞，似张非张，反应迟钝，则为患病或衰老的象征。如眼睛流泪或有黏液、脓性分泌物，精神委靡，可能患慢性巴氏杆菌病、结膜炎。如果兔子眼睛长得像牛的眼睛那样圆睁而凸出，则为“牛眼”畸形，应淘汰。眼结膜颜色呈潮红、苍白、发绀、黄染等症状，均为患病的表现。如结膜苍白，多为急性肝、脾大出血或严重的消耗性疾病。眼结膜黄染、肌体消瘦，可能患肝片吸血病、球虫病等。结膜发绀，多因热性传染病如巴氏杆菌病所致。

（6）耳的检查　正常耳朵应直立且转动灵活。如下垂则可能因抓兔方法不当或受外伤、冻伤所致。耳壳内应清洁，耳尖耳背无结痂，如耳内有结痂则可能患痒螨或中耳炎。健康的白色家兔耳色粉红。如用手握住感觉过热，耳呈红色，则为发热；用手握住感觉发凉，耳色青紫，则可能患有重病。

(7)体温的检查　家兔正常体温为38.5℃～40℃，平均为39.5℃。排除生理因素（如年龄、性别、品种、营养、生产性能、活动、气候条件）的影响后，体温升高或降低均为患病的表现。测体温对早期诊断和群体检查很有意义。

(8)呼吸系统的检查　健康家兔鼻孔干燥，周围的毛是洁净的。如果鼻孔不洁，有鼻液流出或者打喷嚏，呼吸急促和有鼾声等，表明此兔可能患呼吸道病如巴氏杆菌病、波氏杆菌病等疾病。鼻孔内流出混有血液的泡沫则可能患兔瘟。

(9)食欲的检查　食欲好坏是家兔健康与否的重要标志。健康家兔一般食欲旺盛，喂料时表现出急于求食的现象，即在笼内跳来跳去，若打开笼门就伸出头来寻食。对于正常喂量的饲料可在15～30分钟吃光。如果表现呆滞或蹲缩在兔笼一角，不与其他兔抢食或走到食槽前想吃又不想吃，在排除饲料、饮水质量的情况下，则表明兔子已患病。饮水量过多也是很多疾病的表现，如兔子在食欲减退或废绝的情况下，饮水量却大大增加时，表明家兔体温升高或食盐中毒。

(10)腹部的检查　主要观察腹部容积的大小。除妊娠后期外，腹部体积一般无增大现象。发生胀肚可能患球虫病、结肠阻塞。食欲不振，触摸胃有大而充满食物之感，可能患毛球病。如腹下部膨大，触诊有波动感，改变体位时，膨大部随之下沉，表明腹腔积液。如果触诊时，家兔出现不安、闹动，腹肌紧张且有震颤时，表明腹膜有疼痛反应，多见于腹膜炎。腹围增大，盲肠大而软，可能患球虫病、大肠杆菌病等。盲肠内有硬结，可能是盲肠秘结。

(11)粪便的检查　观察粪便形状是诊断兔病的重要内容之一。正常的家兔粪便大小如豌豆，光滑均匀。如粪便干、硬、小或粪量减少甚至停止排粪，则可能是消化不良或便秘。粪便变形，但性质没有变化，可能是因饲养管理不当所致；粪便变稀，成堆呈酱色，可能是饲喂霉变饲料等有毒饲料所致；粪便稀且带有黏液，奇臭，可能患细菌性疾病，如大肠杆菌病、沙门氏杆菌病、魏氏梭菌病等。粪便变性，带有黏液呈顽固性腹泻，可能患寄生虫病，如球虫病。

(12)尿液的检查　检查尿液时要注意排尿量(正常情况下，成年兔每千克体重每昼夜约 130 毫升)、次数、比重、pH 值(一般为 8.2)、排尿姿势、尿液性质、颜色(幼兔尿呈无色清亮，成年兔呈微浑浊淡黄色，这是尿中含有多量钙和黄尿素所致)及内含物等情况。排尿次数增多，甚至出现尿频和尿淋漓，尿中带血，尿液有氨味，可能患膀胱炎、尿结石。排尿次数减少，尿色深，比重大，沉渣增，多是急性肾炎、腹泻的表现。尿液呈酱油色，可能患豆状囊尾蚴病、肝片吸虫病、肝硬化等。长期血尿但无疼痛感，可能患肾母细胞瘤。排尿疼痛是尿路有炎症的表现。尿闭则可能患膀胱麻痹、括约肌痉挛、尿道结石；尿失禁可能是腰荐脊柱损伤或括约肌麻痹的表现。尿液颜色与饲料种类、服用某些药物等有关，应注意加以区别对待。

2. 群体检查 通过调查，了解兔群的饲养管理规程、检疫记录、病历记录等资料，对病史有所认识。了解兔场的地形、位置、土壤特点，饲料与饮水状况，兔舍的建筑、结构和卫生条件，发病前后的气候变化情况，从而在已掌握的生活史的基础上，有助于查明一些群发病（如营养代谢病、中毒）的病因及发展规律。群体检查发现有病兔时，要对病兔进行全面检查。

（二）流行病学诊断技术

流行病学调查在疾病诊断方面十分重要，应注意以下 2 点。

第一，查阅兔场日常的发病和死亡兔记录，并调查、搜集本场有关资料进行分析研究，可帮助疾病的确诊。其内容主要包括：①了解本场家兔饲养管理情况，如饲料配方，饲料调制方法及调制时间，卫生条件等；②疾病发生经过，发病前预防注射哪些疫（菌）苗，发病后治疗情况及效果；③病兔的临床症状、剖检所见的病理变化；④兔场所在地的地形、气候变化情况。

第二，调查兔场所在地区有哪些传染病，最早发病时间、地点、季节、传播速度及蔓延情况，发病兔年龄、性别、品系及其感染率、发病率和死亡率。

（三）病理剖检诊断技术

许多疾病仅靠外部的表现很难做出确切的诊断，有时必须对尸体进行解剖，根据剖检特点，结合临床症状，对疾病做出正确诊断。

1. 剖检方法　对待剖检兔在外部检查之后，为了防止剖检过程中兔毛飞扬，可用3%～5%来苏儿、石炭酸、臭药水、0.1%新洁尔灭溶液或0.05%洗必泰等消毒液浸泡尸体。准备好尸检记录表格（见本书兔场兽医统计工作一章）、数码照相机或摄像机，一边剖检一边由助手做记录，对尸体、病变组织进行拍摄。

待剖检兔取仰卧式，腹部向上，置于搪瓷盘内或解剖台上，四脚分开固定，腹部用消毒药剂消毒。剖检步骤如下。

第一步，沿腹中线上起下颌部下至耻骨缝隙处切开皮肤，再沿中线切口向每条腿切开，然后分离皮肤，检查皮下有无出血，水肿等病变。

第二步，沿腹白线切开腹壁，用镊子挑起腹肌防止刺破肠管。检查腹水的颜色、多少和清浊度。

第三步，打开腹腔，依次检查腹膜、肝、胆囊、胃、脾脏、肠道、胰、肠系膜、淋巴结、肾脏、膀胱和生殖器官。

第四步，用骨剪剪断两侧肋骨、胸骨，拿掉前胸廓，使胸腔暴露后，依次检查心、肺、胸膜、上呼吸道及肋骨。

第五步，必要时打开口腔、鼻腔及脑做检查。

2. 检查内容及提示相应疾病

(1)外部检查　在剥皮之前检查尸体的外表状态。检查内容包括品种、性别、年龄、毛色、特征、体态、营养状况以及被毛、皮肤、天然孔、可视黏膜等，注意有无异常，同时注意尸体变化(尸冷、尸僵、有无腐败等),以判定死亡的时间、体位。

(2)皮下检查　主要检查皮下有无出血、水肿、炎性渗出、化脓、坏死、色泽等。

(3)上呼吸道检查　主要检查鼻腔、喉头黏膜及气管环间是否有炎性分泌物、充血和出血。

(4)胸腔脏器检查　主要检查胸腔积液、胸膜、肺、心包、心肌是否充血、出血、变性、坏死灶等。

(5)腹腔脏器检查　主要检查腹水、纤维素性渗出、寄生虫结节,脏器色泽、质地和是否肿胀、充血、出血、化脓灶、坏死、粘连等。

(6)脑　检查脑膜、脊髓膜出腔室脉络丛,血管明显扩张充血提示兔病毒性出血症。

(7)脓汁　检查若脓汁呈现乳白色提示兔巴氏杆菌病、巴波氏杆菌病、葡萄球菌病、沙门氏菌病。若脓汁有恶臭气提示兔坏死杆菌病。脓汁呈绿色且有特殊气味提示兔绿脓杆菌病。

3. 病料的采集与送检　通过流行病学调查、临床症状和剖检特征,一般可得出较为可靠的诊断结论。但对有些疾病,特别是一些急性病例,往往缺乏特征性病理变化,即使通过剖检尚难下结论,还需采集病料送往本地或其他有关实验室进行检查。由于实验室各项检查的目的和方法不同,其病料的采集方法和要求也不完全一样。一般要求病料应在兔死后立即采取,最迟不要超过 6 小时,用于微生物学检查的病料应采用无菌采集。为不影响病原体的检出，取材尸体生前最好是未经用药预防或治疗过的。

(四)综合诊断技术

根据流行病学调查、临床检查、病理剖检、实验室检查等资料，综合分析，最终做出诊断。根据诊断结果，选择相应的治疗药物和方法，以达到治愈疫病目的，同时做好今后兔病的预防工作。需要指出的是，兔病诊断过程需要具有丰富的兽医、畜牧知识和实践经验，同时具备在众多信息中敏锐找出主要矛盾的能力。在具体诊断过程中，如果善于抓住带有特征性的临床表现、流行特点或病理变化等，可以迅速做出较为准确的诊断，因此要求兔场兽医、防疫员不断加强业务学习，虚心向有经验的专家请教，在实践过程中勤于思考，这样就可在发生疾病时及时做出诊断。

六、家兔临床检查基本技能

(一)体温的测定

1. 体温测定的操作方法 检查体温计是否完好，将体温计水银柱甩至35℃以下。用70％酒精棉球擦拭体温计并涂以油类润滑剂，以达到消毒和润滑目的。保定好兔子，使其肛门充分暴露，随后将体温计轻轻由肛门捻转插入直肠内（至少要插入体温计的 2/3 以上），再把体温计夹子夹在背部或尾根的被毛上，待 3～5 分钟后取出，擦去粪便和黏液后读数。

2. 判断标准 家兔的正常体温为39.5℃～40℃。虽然家兔的生理体温变化随品种、性别、个体、营养状况、生产性能、精神状态等变化而有所变化，但其变化幅度一般不会超过0.5℃。在排除因生理因素和气候条件等影响之后，体温的异常升高或降低，均为患病的表现。

（二）脉搏数的测定

1. 脉搏数测定的操作方法 家兔脉搏测定须在安静状态下进行。兔的脉搏检测可在臂骨内侧桡动脉处或大腿内侧近端的股动脉上进行触诊，也可于左侧肘后胸壁处触诊心脏搏动。如触诊有困难时，可用听诊器在心区胸壁听诊。记录每分钟心脏搏动次数。

2. 判断标准 家兔脉搏数易受外界条件和生理因素的影响而发生变化，尤其是年龄影响更为明显，一般幼龄兔的较强，成年兔次之，老年兔较弱。健康成年兔的脉搏数一般为80～100次/分，而幼龄兔为100～160次/分。脉搏数增加或减少超出一定范围，脉力强弱超过一定限度，均为病理性反应。临床上以脉搏数增多和脉力减弱较为常见且更有意义，可作为诊断疾病时的参考。

（1）脉搏数增多　是心动过速的表现，见于多数热性疾病（通常体温每升高1℃，脉搏数增加8～10次/分）、疼痛性疾病、心脏病、贫血及某些中毒病等。

（2）脉搏数减少　是心动徐缓的指征，可见于某些脑病、中毒病及濒死期家兔，此时脉搏强度也较弱。

(三)呼吸数的测定

动物的呼吸活动由吸气和呼气2个阶段组成,一呼一吸为1次呼吸。

1. 呼吸数测定操作方法　在待测兔安静状态下进行。通过观察鼻翼扇动、胸腹壁起伏或用听诊器在胸壁肺区听诊呼吸音即可计数。

2. 判断标准　健康兔呼吸均匀平稳,呼吸数一般为50～80次/分;成年兔较少,有时可低于30次/分;幼龄兔呼吸次数较多,通常可超过100次/分。在排除影响呼吸次数等因素(如年龄、品种、性别、姿势、运动、妊娠、营养状况、精神状态、环境温湿度及胃肠的充盈程度)外,呼吸次数明显地改变,或同时伴有异常呼吸音、呼吸困难、呼吸节律改变、咳嗽等,均认为是一种病理状态,应结合病史和其他临床症状等进行综合分析判断。

(1)呼吸急促,呼吸数增多　见于热性疾病(如急性传染病、中暑等)、呼吸器官疾病(如支气管炎、肺炎等)、心力衰竭、贫血以及因胃肠道疾病所致的腹压显著增大等,也见于亚硝酸盐中毒等某些中毒病。

(2)呼吸数减少　较为少见,某些中毒病、脑病、上呼吸道狭窄及代谢障碍性疾病等均有此表现。

(四)可视黏膜检查

可视黏膜包括眼结膜和口腔黏膜、鼻黏膜和阴道黏膜等。检查时应在阳光充足的地方进行,但要避免光线直接照射。黏膜内有丰富的微细血管,正常时呈粉红色,表面湿润。注意黏膜有无苍白、潮红、发绀、黄染,有无肿胀、出血、溃疡以及注意分泌物的性状等。

(五)眼结膜检查

操作者一手固定头部,另一手用食指和拇指同时拨开上下眼睑进行观察,眼结膜常表现潮红、苍白、发绀和黄染等病理变化。在做眼结膜检查的同时还要注意观察眼睑有无肿胀、外伤,眼裂周围有无分泌物以及分泌物的性状(是浆液性、黏液性还是脓性),并注意角膜有无损伤、浑浊或形成角膜翳,以及瞳孔的大小变化等。

1. 结膜潮红 是结膜内毛细血管充血的表现。单眼潮红常为局部炎症所致,见于多种眼病,常伴有眼睑肿胀和有较多分泌物等症状;双眼潮红多标志全身循环状态改变,有弥漫性潮红和树枝状充血两种表现。前者见于各种热性疾病,如急性传染病、肺炎等;后者可见于脑炎、心脏疾患等,是血液循环障碍的表现。

2. 结膜苍白 是各种贫血的象征,常见于慢性传染病、寄生虫病、消化不良等慢性消耗性疾病和营养不良及发生内出血或大失血时。

3. 结膜发绀 结膜呈紫蓝色,是血液含氧量极度降低,机体严重缺氧所致,见于各种伴有心、肺功能障碍的急剧病症和多种中毒性疾病,常伴有呼吸困难或呼吸微弱等症状。

4. 结膜黄染 是胆色素代谢障碍、血液中胆红素含量增加的结果,可见于各种肝病、溶血性疾病和某些中毒病、寄生虫病等。

(六)口腔检查

观察是否流涎、黏膜是否溃疡等。口炎可引起大量流涎、黏膜溃疡。但应区分传染性口炎与普通口炎。

(七)浅表淋巴结检查

1. 操作方法　一般多用触诊和视诊的方法,必要时可进行穿刺检查。通常检查的浅表淋巴结有颌下淋巴结(下颌骨腹侧)、肩前淋巴结(肩胛骨前缘结缔组织内)、股前淋巴结(髂骨外角稍下方)、腘淋巴结(膝关节后面稍上方皮下)等。注意其大小、形状、硬度、敏感性及移动性等。

2. 判断标准

(1)急性肿胀　体积增大,表面光滑、较硬,有明显的热痛反应;化脓时局部变软、有波动感,穿刺可排出脓汁。发生野兔热时,全身淋巴结肿大,尤其是体表淋巴结肿大更为明显;机体局部发生化脓性感染时,病灶附近的淋巴结发生急性肿胀。

(2)慢性肿胀　触诊时呈硬结状,表面不平滑,无明显的热痛反应,且常与周围组织粘连而失去活动性。可见于结核和伪结核病等。

(八)腹部检查

1. 检查方法　主要通过视诊和触诊进行检查。视诊主要是观察腹部形态和腹围大小。触诊与常规妊娠检查相同,即以两手同时从左右两侧挤压腹部。

2. 判断标准

(1)腹部膨大　除妊娠后期外，可能患胃积食、胃肠臌气或腹腔积液等。

(2)腹部缩小　可能因患严重消耗性疾病、营养不良或严重腹泻等疾病。

(3)盲肠内有坚硬物　可能患霉变饲料中毒。

(4)直肠有大量干硬粪球　可能患便秘。

七、家兔一般治疗技术

家兔防疫员的工作之一是在兽医出具处方后，由饲养人员协助一起进行具体治疗工作。要胜任这一岗位工作必须熟练掌握基本的临床治疗技术。

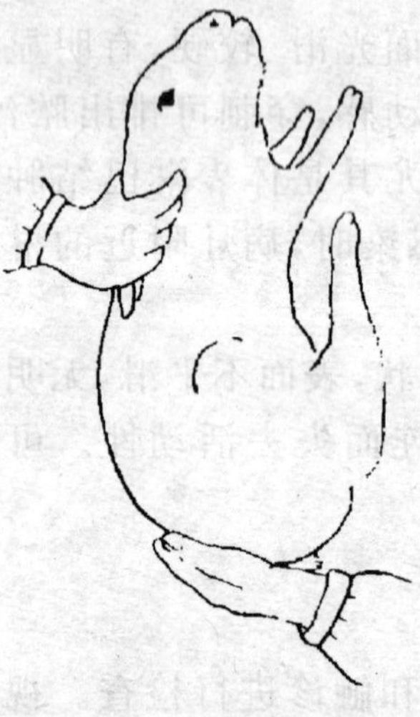

图 2-6　家兔徒手保定法(一)

(一)基本保定方法

1. 徒手保定法

方法一　一手连同两耳将颈肩部皮肤大把抓起，另一手托起或抓住臀部皮肤和尾部即可(图 2-6)，并可使腹部向上，适合于眼、腹、乳房、四肢等疾病的诊治。

方法二　保定者抓住兔的两耳及颈部皮肤，将其放在检查台上或桌子上，两手抱住兔头，拇指、食指固定住耳根部，其余 3 指压住前肢，即可达到保定的目的（图 2-7）。适用于静脉注射、采血等操作。

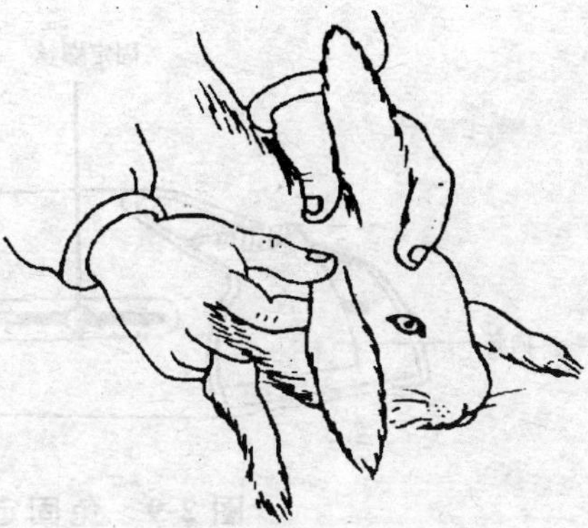

图 2-7　家兔徒手保定法（二）

2. 手术台保定　将兔四肢分开，仰卧于手术台上，然后分别固定头和四肢（图 2-8）。适用于兔的阉割术、乳房疾病治疗和剖宫产等腹部手术。

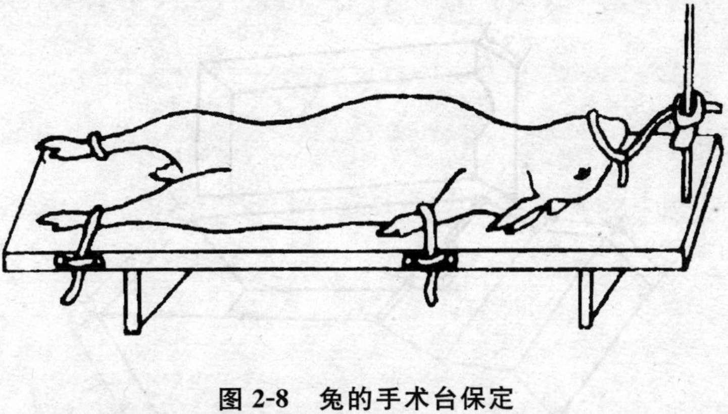

图 2-8　兔的手术台保定

3. 保定盒、保定箱保定

（1）保定盒保定　保定时，后盖启开，将兔头向内放入，待兔头从前端内套中伸出后，调节内套使之正好卡住兔头不能缩回筒内为宜，装好后盖（图2-9）。

（2）保定箱保定　保定箱分箱体和箱盖 2 部分，箱盖

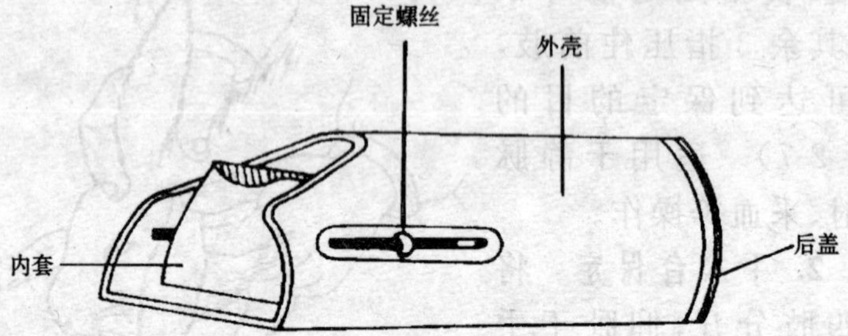

图 2-9　兔固定盒结构

上挖有一个半月形缺口，将兔放入箱内，拉出兔头，盖上箱盖，使兔头卡在箱外(图 2-10)。

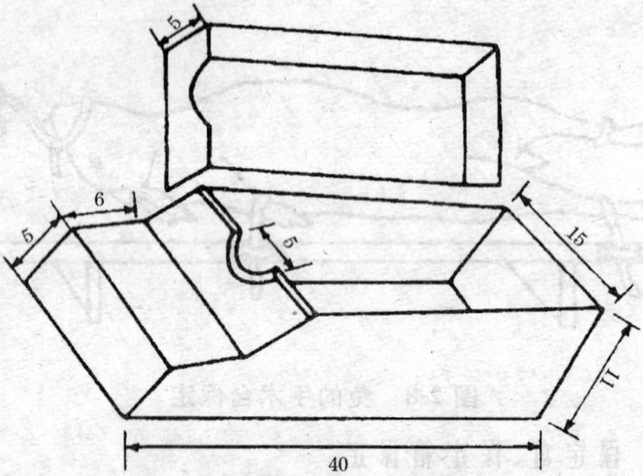

图 2-10　保定箱　(单位：厘米)

此法适用于治疗头部疾病、耳静脉输液、灌药等。

4. 化学保定法　主要是应用镇静剂和肌肉松弛剂，

如静松灵、戊巴比妥钠等使家兔安静，无力挣扎。剂量按说明书确定。

(二)一般治疗方法

1. 口服给药

(1)自由采食法

①适用药物：适用于毒性小、适口性好、无不良异味的药物，或兔患病较轻、尚有食欲或饮欲时给药。

②方法：把药混于饲料或饮水中。饮水中药物应易溶于水。

③注意事项：药物必须均匀地混于饲料或饮水中。本法多用于大群预防性给药或驱虫。

(2)灌服法

①适用药物：适用于药量小，有异味的片(丸)剂药物，或食欲废绝的病兔。

②方法：片剂药物要先研成粉状，把药物放入匙柄内(汤匙倒执)，一手抓住耳部及颈部皮肤把兔提起，另一手持汤匙从一侧口角把药放入嘴内，取出汤匙，让兔自由咀嚼后再把兔放下(图 2-11)。如果药量较多，药物放入嘴内后再灌少量饮水。如果是水剂可用注射器(针头取掉)从口角一侧慢慢把药挤进口腔。

③注意事项：服药时要观察兔只吞咽与否，不能强行灌服，否则易灌入气管内，造成异物性肺炎。

(3)胃管给服法

①适用药物：一些有异味、毒性较大的药品或病兔拒食时采用此法。

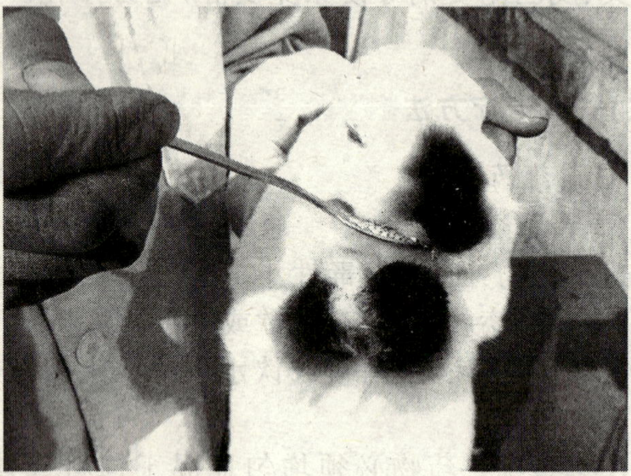

图 2-11　灌服法

②方法：由助手保定兔并固定好头部，用开口器（木或竹制，长 10 厘米、宽 1.8～2.2 厘米、厚 0.5 厘米，正中开一较胃管稍大的小圆孔，直径约 0.6 厘米）使口腔张开，然后将胃管（或人用导尿管）涂上润滑油，经胃管穿过开口器上的小孔，缓缓向口腔咽部插入（图 2-12）。当兔有吞咽动作时，趁其吞咽，及时把导管插入食管，并继续插入胃内。

图 2-12　胃管给服法

③注意事项：插入正确时，兔不挣扎，无呼吸困难表现；或者将导管一端插入水

中，未见气泡出现，即表明导管已插入胃内，此时将药液灌入。如误入气管，则应迅速拔出重插，否则会造成异物性肺炎。

2. 注射给药

(1)皮下注射

①适用药物：主要用于疫苗注射和无刺激性或刺激性较小的药物。

②部位：多在耳部后颈部皮肤处。

③方法：注射部位用70%酒精棉球消毒。用左手拇指和食指捏起皮肤，使成皱褶。右手持针斜向将针头刺入，缓缓注入药液（图2-13）。注射结束后将针头拔出，用酒精棉球按压消毒。

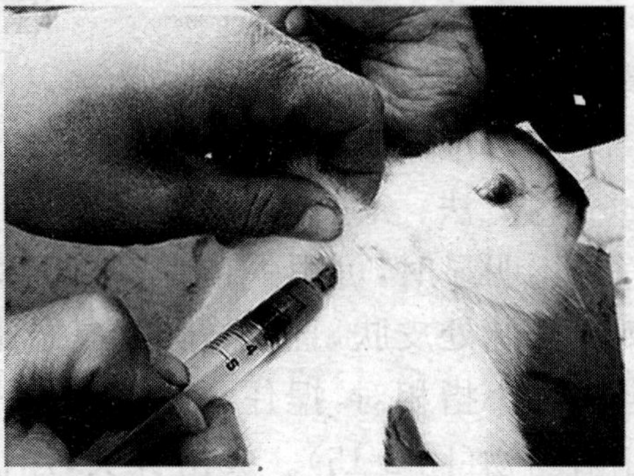

图 2-13　皮下注射

④注意事项：宜用短针头，以防刺入肌肉内。如果注射正确，可见局部隆起。

(2)肌内注射

①适用药物：适于多种药物，但不适用于强刺激性药物，如氯化钙等。

②部位：多可选在臀肌和大腿部肌肉。

③方法：注射部位用70%酒精棉球消毒。把针头刺入肌肉内，回抽无回血后，缓缓注入药物（图2-14）。拔出针

头，用酒精棉球按压消毒。

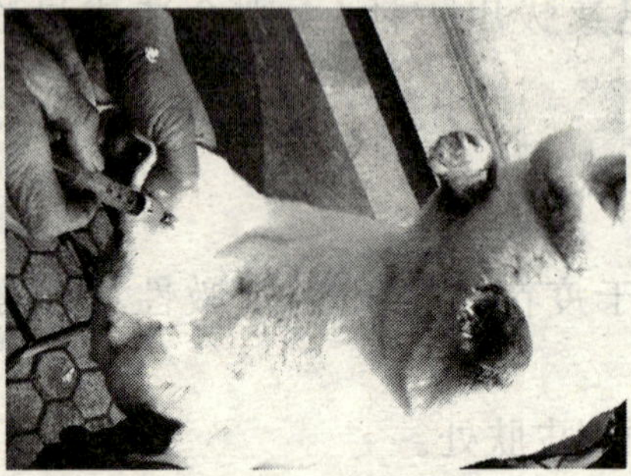

图 2-14　肌内注射

④注意事项：一定要保定好兔只，防止兔子乱动，以免针头在肌肉内移动伤及大血管、神经和骨骼。

(3)静脉注射

①适用药物：刺激性强、不宜做皮下或肌内注射的药物，或多用于病情严重时的补液。

②部位：一般在耳静脉进行。

③方法：先把刺入部位毛拔掉，用70%酒精棉球消毒，静脉不明显时，可用手指弹击耳壳数下或用酒精反复涂擦刺激静脉处皮肤，直至静脉充血怒张，立即用左手拇指与无名指及小指相对，捏住耳尖部，针头沿着耳静脉刺入，缓缓注射药物(图 2-15)。拔出针头，用酒精棉球按压注射部位1～2 分钟，以免流血。

④注意事项：一定要排净注射器内的空气，否则兔只会因栓塞而死。第一次注射先从耳尖的静脉部开始，以免影响以后刺针；油类药剂不能静脉注射；注射钙剂要缓

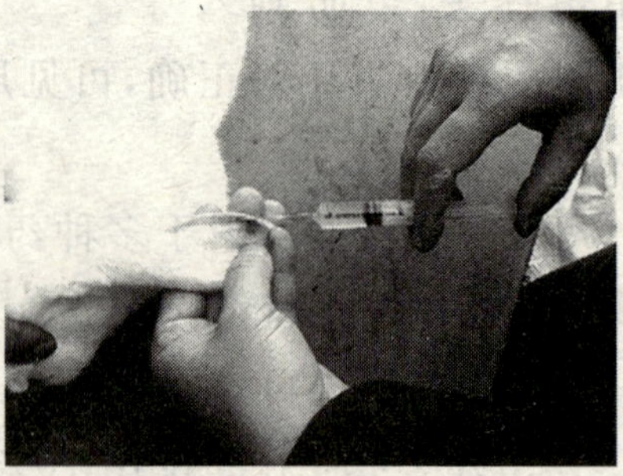

图 2-15　静脉注射

慢；药量多时要加温。

(4)腹腔内注射

①适用情况：多在静脉注射困难或家兔心力衰竭时选用。

②部位：部位选在脐后部腹底壁、偏腹中线左侧 3 毫米处。

③方法：剪毛后消毒，抬高家兔后躯，对着脊柱方向，针头呈 60°角斜刺入腹腔，回抽活塞不见气泡、液体、血液和肠内容物后注药(图 2-16)。针刺不宜过深，以免伤及内脏。怀疑肝、肾或脾肿大时，要特别小心。

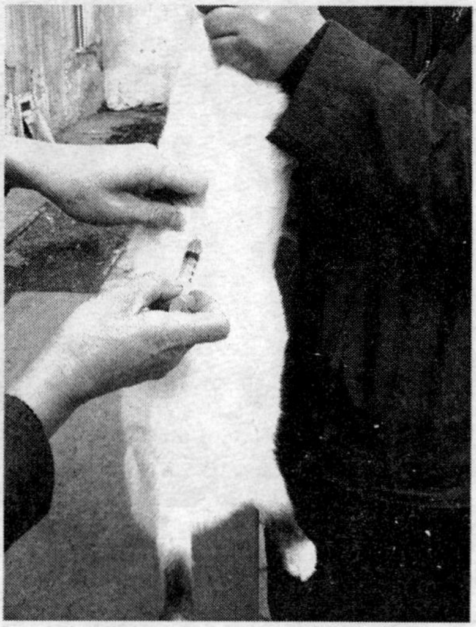
图 2-16　腹腔注射

④注意事项：注射最好是在兔胃、膀胱空虚时进行。一次补液量为 50～300 毫升，但药液不能有较强刺激性。针头长度一般以 2.5 厘米为宜。药液温度应与兔体温相近。

3. 灌肠术

(1)适用情况　发生便秘、毛球病等，有时口服给药效果不好，可选用灌肠。

(2)方法　一人将兔蹲卧在桌上保定，提起尾巴，露出肛门，另一人将橡皮管或人用导尿管涂上凡士林或液状石蜡后，将导管缓缓自肛门插入，深度 7～10 厘米。最后将盛有药液的注射器与导管连接，即可灌注药液(图 2-17)。灌注后使导管在肛门内停留 3 分钟左右，然后拔出。

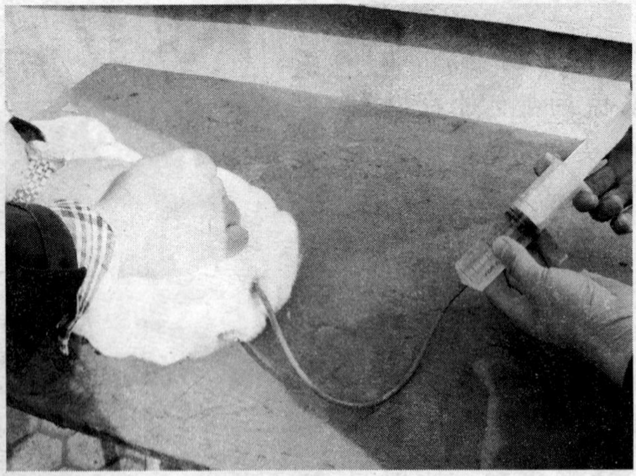

图 2-17 灌 肠

(3)注意事项 药液温度应接近兔体温。

4. 局部给药

(1)点眼 适用于结膜炎症，可将药液滴入眼结膜囊内。如为眼膏，则将药物挤入囊内。眼药水滴入后不要立即松开右手，否则药液会被挤压并经鼻泪管开口而流失。点眼的次数一般每隔 2～4 小时 1 次。

(2)涂搽 用药物的溶液剂和软膏剂涂在皮肤或黏膜上，主要用于皮肤、黏膜的感染及疥癣、毛癣菌等病的治疗。

(3)洗涤　用药物的溶液冲洗皮肤和黏膜，以治疗局部的创伤、感染。如结膜炎、鼻腔及口腔黏膜的冲洗、皮肤化脓创的冲洗等。常用的有生理盐水和0.1%高锰酸钾溶液等。

(三)用药剂量的确定

家兔常用药物的剂量可参看相关资料。对一些无明确规定剂量的新药可参考人的用药剂量，折算确定用药剂量。

兔病用药与人病用药有许多相似之处，确定家兔药物用量时和人病用药一样，一般按体重计算。家兔体重是人体重的1/20，理论上说用药量也应该是人用药量的1/20，但家兔是草食动物，实际上口服药物的剂量应适当大一些。如果以成年人用药量为1，则家兔口服药量为1/6～1/3。同一药物因投药方法不同，药物被吸收的速度也不同，因此应该用不同的剂量。如果以口服为标准，各种投药方法的剂量比例是，口服为1，灌肠为1.5，皮下注射为1/3～1/2，肌内注射为1/4～1/3，静脉注射为1/4。

思考题

1. 家兔消化系统有哪些结构特点？
2. 家兔传染病的防控主要应当抓什么？
3. 家兔临床诊断主要内容有哪些？
4. 如何剖检病兔和采集病料？
5. 家兔注射给药有哪几种方法，须注意哪些事项？

第三章　兔场防疫体系的建立与实施

为了保障兔群健康发展，兔场兽医和管理人员等应根据本场兔群实际和兔场所在地区气候环境条件，建立科学的防疫体系。防疫体系中各项内容由防疫员负责具体实施或监督落实。

一、防疫体系的建立原则

家兔的疾病种类很多，但危害最严重的是传染病，其次是寄生虫病。家兔是一种十分娇嫩的小型动物，一旦感染这些疾病，往往因为来不及治疗或治疗效果不佳，有些则由于治疗成本较高而得不到治疗，就会造成严重损失。因此，兔场的经营者和管理者必须牢牢树立以“预防、淘汰为主，治疗为辅”的原则。从场址选择、兔舍设计开始，到消毒制度的建立、免疫程序制订及饲养管理的各个环节，制订一套严密的防疫体系并严格执行，这样才能保证兔群健康发展，取得较高的经济效益。

建立防疫体系的基本原则是，根据家兔的生物学特性、疾病发生、流行特点、本场所在的地理位置、环境、气候变化等因素，制订符合本场、本地区安全防疫体系。

制订防疫体系时，要特别注意以下 3 点。

第一，所制订的免疫体系要具有可操作性，不能只写在纸上,不可或不易操作。

第二,尽量减少工作人员的劳动强度,如目前断奶前后注射许多不必要药物(如预防球虫的药物等),而采取饲料中添加药物的方法完全可以预防本病。复杂的防疫一方面增加了家兔应激次数、强度,同时增加了工作人员的劳动量。

第三,防疫体系不是一成不变的,应根据某些疾病流行特点的变化,进行相应地改变。

二、防疫体系的基本内容

(一)加强饲养管理,增强家兔对疾病的抵抗力

实践证明,重视饲养管理的各个环节,增强兔群整体体质,疾病的发生率会明显下降,即使发生一些疾病,及时采取相应措施,疾病也往往会在短期内被遏止。相反,群体素质差,疾病的发生率会明显增加,在兔病发生过程中,也会并发其他疾病,控制效果不理想。

1. 重视兔舍建设,创造良好的生活环境 兔舍是家兔生存的基本环境,也是家兔生产的必要基础。兔舍的小环境因素(包括温度、湿度、光照、噪声、尘埃、有害气体、气流变化等),时刻都在影响着兔体。生活在良好小环境中的家兔生长发育良好,发病率低,生产效率高;相反,则生产性能下降,严重者会患病死亡。为此,修建兔舍时应根据家兔的生活习性和生理特性,结合所在地区的气候特点和环境条件,同时考虑拟饲养的家兔类型、品

种、数量、饲养方式及投资力度等，选择、设计和建造兔舍。要力求有利于兔群健康，便于饲养管理，有利于控制疾病，能提高劳动生产力，科学实用和经济耐用。

给家兔提供良好的生活环境，保持适宜的温度、湿度、光照和通风换气，夏防暑、冬防寒，春秋防气候突变，四季防潮湿，以获得较高的生产水平，保证兔群健康。

2. 使用卫生安全的全价饲料，饲喂要遵循“三定”原则 饲料质量的好坏直接影响兔群安全生产。有条件的兔场最好自行生产饲料。饲料配方可自己设计或委托畜牧科研单位、农业院校的专家设计。在饲料配方设计和实际配制时，应注意以下问题。

其一，饲料原料尽量选择本地资源比较丰富的饲料种类，以减少使用过程中因饲料种类改变给兔造成应激。

其二，在原料采购、贮藏等环节要注意是否发霉、变质。杜绝使用质量低劣、发霉变质、掺假的饲料。

其三，新设计的饲料配方要进行小群试养，观察饲喂效果，看是否需要修改或改进，之后方可大面积使用。

在不具备自配饲料的条件时，也可购买全价饲料或精料补充料，但要选择技术力量比较雄厚、有信誉的饲料厂家，并与饲料厂家签订相关协议，如果因饲料问题造成经济损失厂家要负相应的责任。

“三定”是指饲喂要定时、定量、定质。

定时，就是固定每天饲喂的时间和次数，这样可使家兔养成定时采食、排泄的习惯，从而有规律地分泌消化液，促进消化吸收。

定量，就是依据兔的生理状态、季节和饲料特点，确定每日大致饲喂量，不可忽多忽少，这样既可增强家兔的食欲，又可提高饲料利用率，以利于促进家兔生长，减少疾病尤其是消化道疾病的发病率。

定质，就是家兔的饲料配方要相对稳定。必须更换饲料时，要逐步过渡，先更换 1/3，间隔 2～3 天再更换 1/3，1 周左右全部更换完，使家兔的采食习惯和消化功能逐渐适应变换的饲料。如突然改变饲料，易引起家兔消化不良、腹泻或便秘，甚至诱发大肠杆菌病、魏氏梭菌病等。

3. 按照家兔不同的生理阶段实行科学的饲养管理

(1)仔兔的饲养管理　从出生至断奶的小兔为仔兔。这一阶段要使仔兔早吃奶(初乳)，吃足奶，防饿死，防黄尿病，防冻死，防兽害，防被母兔残食，防意外伤残。从 18 日龄开始，应及时补给易消化、富有营养的饲料，同时应添加抗球虫药，适时断奶。断奶宜采用断奶不离窝的方法。

(2)幼兔的饲养管理　断奶至 3 月龄为幼兔。实践证明，幼兔最难饲养，应给富含蛋白质又易消化的饲料，饲喂少量多次，定时、定量、定质，预防球虫病，接种疫苗，同时保持兔舍清洁卫生。

(3)青年兔的饲养管理　3～6 月龄的兔为青年兔。此时公、母兔应分开饲养，防止早配。青年兔代谢旺盛、采食量大，日粮中应适当加大粗饲料的比例，这样有利于兔的健康，又可以降低饲养成本。

(4)妊娠母兔的饲养管理　妊娠母兔日粮营养以中等水平为宜，妊娠中后期要防止捕捉、拔毛，避免各种不良刺激，以防流产。有沙门氏杆菌流产史的兔场，在妊娠初期应接种沙门氏杆菌灭活苗进行预防。产前要对产箱进行清洗、消毒，放入刨花等垫料。预产期要有人值班，以防发生意外事故。

(5)哺乳母兔的饲养管理　母兔哺乳期一般为28～42天，此期除应保持兔舍、兔笼清洁卫生，环境安静，饲料多样化，营养丰富、适口性好外，还应根据哺乳仔兔数、产后天数等决定饲喂量。产后2～3天应减少精料喂量，经常检查母兔乳房，防止发生乳房炎。

(6)种公兔的饲养管理　种公兔要一笼一兔，以防相互咬斗。兔笼地板要光滑，经常清扫消毒，以防发生生殖器官疾病。公兔的日粮要注意添加维生素A、维生素D、维生素E和微量元素锌、铁、铜、锰、硒等，以提高配种受胎率。配种前检查公、母兔的生殖器官是否有炎症和兔梅毒等疾病。公兔1天可交配1～2次，连续2天，休息1天。

4. 加强选种，制定科学繁育计划，降低遗传性疾病发病率　遗传性疾病是病兔及其父母的遗传因素所决定的，并非由外界因素（如致病微生物、饲料、环境等）所致。选种时严格淘汰如牛眼、牙齿畸形、八字腿、白内障、垂耳畸形、侏儒、震颤、脑积水、癫痫等个体。同时，制定科学繁育计划，避免近亲繁殖，提高后代生产性能和降低群体遗传性疾病的发病率。目前獭兔生产过程中脚皮炎发病率很高，危害非常大，选种时要选择脚毛丰厚的个体，这样其后代患本病的比例明显降低。

5. 培育健康兔群　发达国家均花费巨大人力和财力培育无特定病原（SPF）群，此做法目前我国兔场较难做到，但要创造条件，培育健康兔群，组成核心群。经常注意定期检疫与驱虫，淘汰带菌、带毒、带虫兔，保持相对无病状态。同时加强卫生防疫工作，严格控制各种传染性病原的侵入，保证兔群的安全与健康。培育健康兔群常用的方法有人工哺乳法和保姆寄养法，其所用的兔舍、兔笼、饲料、饮水、用具及铺垫物等，均需经过消毒处理，防止污染。饲养人员应专职固定，严格管理。

（二）坚持自繁自养，慎重引种

养兔场（户）应选用经培育的生产性能优良的公、母种兔进行自繁自养，这样既可以降低饲养成本，又能防止引种带入疫病。为了调换血统，必须引进新的品系、品种时，只能从非疫区购入，经当地兽医部门检疫，并发给检疫合格证，再经本场兽医师验证、检疫，在离生产区较远的地方，隔离饲养观察1个月以上，确认健康者，经驱虫、消毒（没有接种疫苗的补注疫苗）后，方可进入生产区混群饲养。由于我国一些种兔场存在兔毛癣菌病，引种时防疫员必须亲自视察，无本病方可引种。同时，引种后对可疑种兔，必须隔离观察至第一胎仔兔断奶时，仔兔无本病发生，才可以混入原兔群。据观察，有些青年兔或成年兔外观看似无毛癣菌病，但其为带菌者，分娩后不久，仔兔迅速感染、蔓延。

兔场如果从国外进口种兔，要严格执行《中华人民共和国进出境动植物检疫法》，重点检疫兔瘟、黏液瘤病、魏氏梭菌病、巴氏杆菌病、密螺旋体病、野兔热、球虫病和疥癣病等。

（三）减少各种应激的发生

应激因素在兔病发生上的意义应引起养兔生产者的高度重视。笔者发现，兔群发生疾病都与应激有因果关系。所谓应激因素，是指那些在一定条件下能使家兔产生一系列全身性、非特异性的反应。常见的应激因素有密集饲养、气候骤变、突然更换饲料、更换场舍或刺号、称重、接种疫苗、炎热、长途运输、噪声惊吓、追赶、捕捉、咬架、创伤、饥饿、过度疲劳等。在应激因素作用下，家兔机体所产生的一系列反应叫做应激反应，此时家兔处于应激状态，在该状态下所表现的各种反应是家兔企图克服各种刺激的危害，这样不仅影响家兔生长发育，加重原有疾病的病情，还可诱发新的疾病，有时甚至导致家兔死亡。养兔生产中，应尽量减少各应激因素的发生，或将应激强度、时间降到最低。如仔兔断奶采用原笼饲养法，断奶、刺号间隔进行，长途调运采用铁路运输为佳，兔舍饲养密度不宜过大，饲料配方变化逐渐进行，严禁生人或野兽进入兔群等。日粮中添加维生素 C，可降低家兔的应激反应。

（四）建立和落实卫生防疫制度

兔场要建立卫生防疫制度，并认真贯彻落实。卫生防疫制度应包括以下内容：①进入场区要消毒；②场内谢绝参观，禁止其他闲杂人员和有害动物进入场内；③搞好兔场环境卫生，定期清洁消毒；④杀虫灭鼠防兽，消灭传染媒介（蚊、蝇、虻、蜱、跳蚤、老鼠等是许多病原微生物的宿主和携带者）；⑤狗、猫等动物易传播许多疾病，凡兔场饲养犬的兔群多数有豆状囊尾蚴，个别有棘球蚴病等。因此，养兔场应禁止饲养狗、猫等动物，必须饲养时应对其进行定期检疫和驱虫。

（五）严格执行防疫消毒制度

防疫消毒是预防兔病的重要一环。其目的是消灭散布于外界环境中的病原微生物和寄生虫，以防止疾病的发生和流行。在消毒时要根据病原体的特性、被消毒物体的性能和经济价值等因素，合理地选择消毒剂和消毒方法。消毒制度的落实由防疫员负责。

（六）制订科学合理的免疫程序并严格实施

免疫接种是预防和控制家兔传染病十分重要的措施。免疫接种就是用人工的方法，把疫苗或菌苗等注入家兔体内，从而激发兔体产生特异性抵抗力，使易感的家兔转化为有抵抗力的家兔，以避免传染病的发生和流行。

（七）有计划地进行药物预防及驱虫

对兔群应用药物预防疾病，是重要的防疫措施之一。尤其在某些疫病流行季节之前或流行初期，应用安全、低廉、有效的药物加入饲料、饮水或添加剂中进行群体预防和治疗，可以收到显著的效果。如产后3日内，母兔每次服0.5克长效磺胺，每日2次，连喂3天，可预防乳房炎和仔兔黄尿病的发生；每千克体重用呋喃唑酮（痢特灵）5～10毫克，混入饲料中喂给，每日2次，可预防或减少沙门氏杆菌病、大肠杆菌病的发生。在兔群中防治球虫病是提高幼兔成活率的关键，目前在饲料中使用抗炎药，是预防家兔球虫病最经济、最有效、最方便的措施，如在仔兔开食至90日龄内，可用氯苯胍，每千克饲料中加药150毫克；或莫能菌素，每千克饲料加药3毫克；或扑球，每千克加药1毫克；或兔宝Ⅰ号（山西省农业科学院畜牧兽医研究所科研成果，可有效预防兔球虫病、腹泻和呼吸道疾病的发生），按说明书使用。在春、秋两季还应对全群普遍驱虫，可用高效、低毒、广谱驱虫药，如丙硫咪唑，可驱除线虫、绦虫及吸虫等；伊维菌素，可驱除线虫、疥螨等寄生虫。必须注意的是，长期使用药物预防时，容易产生耐药性而影响药物的防治效果。因此，需经常进行药敏试验，选用有高度敏感性的药物。同时，使用的药物要详细记录名称、批号、剂量、方法、用药时间等，以便观察效果，及时处理出现的问题。

（八）加强饲料质量和饮水卫生检查，预防中毒病发生

俗话说“病从口入”，饲料、饮水卫生的好坏与家兔的健康密切相关，应严格按照饲养管理的原则和标准实施。饲料从采购、采集、加工调制到饲料保存、利用等各个环节，要加强质量和卫生检查与控制。严禁饲喂发霉、腐败、变质、冰冻饲料，保证饮水清洁而不被污染。常见的中毒病有以下几种。

1. 药物中毒 主要是驱虫药物中毒和其他磺胺类、呋喃类、抗生素、抗球虫药物中毒。常见的有土霉素、痢特灵、喹乙醇、马杜拉霉素、氯苯胍等中毒。

为预防中毒,应注意以下几点:①严格按药物说明书使用,剂量要准确,不能随意加大用药量和用药时间。②加入饲料中的药物要充分搅拌均匀。③在预防和治疗疾病时,尽量避免用治疗量与中毒量相近的药物,如抗球虫病用的马杜拉霉素等。④兔群使用一种新药物时,一定要先在小群内试用,无不良反应时才可大面积使用。

2. 饲料中毒 常见的有棉籽饼、菜籽饼、马铃薯、食盐等中毒。为防止中毒应注意以下2点:①家兔日粮中棉籽饼、菜籽饼以不超过5%为宜,食盐用量以0.3%～0.5%为宜,不用发芽、发绿、腐烂的马铃薯等。②用经脱毒处理的棉籽饼、菜籽饼喂兔,既可防止中毒,又可适当提高日粮中所占比例,降低饲料成本。

3. 霉变饲料中毒 霉变饲料中毒目前在养兔生产中屡见不鲜。防止霉变饲料中毒的措施有:①收购、采集时要严格把关,把霉变原料拒之门外。②贮放饲料间要干燥、通风,温度不宜过高,控制饲料中水分含量,以防饲料发生霉败。③添加防霉剂,可有效防止饲料发霉,常用的有丙酸、丙酸钠、延胡索酸、克霉、霉敌、万保香、霉净(山西省农业科学院畜牧兽医研究所科研成果)等。④饲喂前要仔细检查饲料质量,如发现饲料出现霉变,应坚决废弃,严禁饲喂。炎热季节,每次给兔加料量不宜太多,以防饲料槽底积料发霉。⑤用湿拌粉料喂兔，饲料易霉变，提倡用颗粒饲料喂兔。

4. 有毒植物中毒 常见的有毒植物有茴菜、毒芹、乌头、曼陀罗花、毒人参、野姜、高粱幼苗等。防止措施：①了解本地区的毒草种类。②饲喂人员要提高识别毒草的能力。③凡不认识或怀疑有毒的植物，一律禁喂。

5. 农药中毒 家兔采食了刚喷洒过农药的植物，或饲料源被农药污染，或治疗兔疥螨等体外寄生虫时用药不当，均可引起家兔中毒。为防止中毒，应注意以下几点：①妥善保管好农药，防止饲料源被农药污染。②严格控制青饲料的来源，采集青饲料的工作人员要有高度的责任感，不采喷洒过农药的饲料作物或青草喂兔，对可疑饲料坚决不喂。③用药品治疗兔体外寄生虫病时，要严格遵守使用规则，防止中毒。

6. 灭鼠药中毒 灭鼠药毒性大，家兔误食后可引起急性死亡。故应注意：①在兔舍放置灭鼠药时，要特别小心，勿使家兔接触或误食。②饲料加工间内严禁放置灭鼠药，以防混入饲料。③及时清除未被鼠类采食的灭鼠药，以防污染饲料、饮水等。

（九）细心观察兔群，发现疾病及时诊治或扑灭

兔场每天早上由防疫员、饲养及管理人员在饲喂前和饲喂过程中，注意细心观察兔的行为、采食等异常变化，并进行必要的检查，发现异常及时诊断和治疗，确诊为传染病时，要迅速采取扑灭措施，将损失降低至最小程度。

(十)制订和落实兔群安全生产程序

为了保障兔群安全生产,促进养兔业健康发展和经济效益的提高,养兔场(户)应根据兔病最新流行特点和本场兔群实际情况,制订科学、合理的兔群安全生产程序,并严格执行。根据笔者研究结果和生产实践,以下程序可供参考。

1. 免疫接种

①20～25 日龄仔兔注射大肠杆菌菌苗,以防因断奶等应激造成大肠杆菌的发生;有条件的大型养兔场可用本场分离到的菌株制成的菌苗进行注射,预防效果确切。

②30 日龄仔兔首次注射兔瘟单联疫苗,每只颈皮下注射 2 毫升。60 日龄时再皮下注射 1 毫升兔瘟单联苗或兔瘟—巴氏杆菌病二联苗以加强免疫。注意点:首次免疫必须用兔瘟单联苗,否则有发生兔瘟的危险。种兔群每年注射 2 次兔瘟疫苗。

③40 日龄注射魏氏梭菌苗,皮下注射 2 毫升,免疫期为 6 个月。种兔群也应注射魏氏梭菌菌苗,每年 2 次。

2. 药物预防

①产前 3 天和产后 5 天的母兔,每天每只喂穿心莲 1～2 粒,复方新诺明 1 片,可预防母兔乳房炎和仔兔黄尿病的发生。对于乳房炎、仔兔黄尿病、脓肿发生率较高的兔群,除改变饲料配方及控制产前、产后饲喂量外,繁殖母兔每年应注射 2 次葡萄球菌病灭活疫苗,剂量按说明使用。

②17～90 日龄仔、幼兔的饲料中添喂 0.5％兔宝Ⅰ

号(山西省农业科学院畜牧兽医研究所科研成果)、每千克饲料中加150毫克氯苯胍或1毫克地克珠利,可有效预防兔球虫病的发生。治疗剂量加倍。目前添加药物是预防家兔球虫病最有效、成本最低的一种措施。

③日粮中添加0.5%兔宝Ⅰ号至兔宝Ⅳ号,可有效控制兔巴氏杆菌病、大肠杆菌病及腹泻病等的发生。对有呼吸道疾病的兔群,可注射巴氏-波氏疫苗,每年3次,剂量按说明使用。普遍投喂鼻炎清(山西省农业科学院畜牧兽医研究所研究成果)5天,可有效预防和治疗呼吸道疾病。治疗可用氟苯尼考等。

3. 驱虫 每年春、秋两季对兔群进行2次驱虫,可用伊维菌素皮下或口服用药,不仅对兔体内寄生虫如线虫有杀灭作用,也可以治疗兔体外寄生虫如疥螨、蚤、虱等。

4. 毛癣菌病的预防 引种必须从健康兔群中选购,引种后必须隔离观察至第一胎仔兔断奶时,如果仔兔无本病发生,才可以混入原兔群。严禁商贩进入兔舍。一旦发现兔群中有眼圈、嘴圈、耳根或身体任何部位有脱毛,脱毛部位有白色或灰白色痂皮,及时隔离,最好淘汰,并对其所在笼位及周围环境用2%火碱或火焰进行彻底消毒。本病可用灰黄霉素治疗,虽有效果,但复发率高。

5. 中毒病的预防 目前危害我国规模养兔业生产的主要问题是饲料霉变中毒问题。其中草粉霉变位居首位。因此,对使用的草粉进行全面、细致地检查,一旦发现有结块、发黑、发绿、有霉味、含土量大、有塑料薄膜等,应坚决弃之不用。外观不能确定时,应进行实验室霉菌检测。同时,也应对其他原料如小麦麸皮、玉米、豆饼(粕)等进行质量检查。饲料中添加防霉制剂(如山西省畜牧兽医研究所开发的“霉净”等)对预防本病有一定的效果。饲料中使用菜籽饼、棉籽饼等时,添加量应不超过5%,仅可饲喂商品兔。

思考题

1. 兔场卫生防疫制度内容具体有哪些?
2. 目前兔瘟免疫程序是什么?应注意什么?
3. 兔群安全生产程序主要内容有哪些?

第四章 兔场的防疫消毒

做好兔场环境、运输车辆、器具消毒等工作，是家兔防疫员的工作内容之一，消毒的目的是为了杀灭病原微生物、防止疫病发生或传播。防疫员应掌握基本的消毒技能，对相关的消毒药物、消毒方法有一定程度的掌握。

一、兔场防疫消毒的意义

环境清洁和安全是家兔生产能否正常进行的前提，它不仅关系到家兔的健康和生产力，同时也是养兔生产中兽医防疫体系的基础。而维持环境卫生状况良好的重要手段就是防疫消毒，消灭和根除兔场环境中的病原微生物是兔群健康发展的基本保障。因此，环境消毒越来越受到养兔场的高度重视。

防疫消毒是指杀灭或清除被病原体污染的场内环境、兔体表面、设备、水源、车辆等的病原微生物，切断传播途径，使之达到无害化，防止疾病发生和蔓延。

二、兔场防疫消毒的分类

(一)经常性消毒

为预防疾病的发生，对经常接触到家兔的人以及器物进行消毒，如工作衣、帽、靴的消毒，以免家兔受到病原微生物的传染。经常性消毒的主要方面是出入场门、舍门必须经过消毒。

简单易行的办法是在场舍门口处设消毒槽（池）。消毒槽（池）需定期清除污物，换新配制的消毒液。进场时须经过淋浴并每日换穿场内消毒后的衣帽，再进入生产区，这是一种行之有效的内预防措施，即使要求极严格的种兔场，采用淋浴的办法，预防传染病的效果也很好。

（二）定期性消毒

为预防疾病发生，应定期消毒兔舍、兔笼、饮水、食槽、产箱等设备用具等。

（三）突击性消毒

当发生家兔传染病时，为及时消灭病兔排出的病原体，应对病兔接触到或接触过的兔舍、设备、器物等进行消毒。对病兔的分泌物、排泄物以及病兔体、尸体等亦应消毒。此外，兽医人员在防治和试验工作中使用的器械设备和所接触的物品亦应消毒。其目的是为了消灭由传染源排泄在外面的病原体，切断传播途径。

（四）终末消毒

发生传染病后，根据我国相关法律法规，待全部家兔扑杀或处理完毕，对其所处周围环境最后进行的彻底消毒、杀灭和清除传染源遗留下的病原微生物，是解除对疫区封锁前的重要措施。

三、兔场防疫消毒方法

(一)物理消毒

物理消毒法(表 4-1)主要用于兔场设施、环境、兽医室器械等的消毒。

表 4-1 常用物理消毒法及使用方法

消毒方法	作用因子	穿透能力	处理剂量	主要设备	适宜用途
煮沸灭菌	湿热	液体对流,均匀	100℃,15～30 分钟	煮锅或煮沸消毒器	耐热物品消毒(注射器、针头、药棉等)
高压蒸汽灭菌	湿热压力凝集	由表及里,不均匀	121℃,5～30 分钟;126℃,5～30 分钟	高压灭菌器	耐热耐压物品消毒
间歇灭菌	湿热	液体对流,均匀	100℃,20～45 分/天,连续 3 天	煮锅	培养基灭菌
干烤灭菌	干热	空气对流由表及里,不均匀	160℃,2 小时;170℃,1.5 小时;180℃,1 小时	干热灭菌箱	耐热物品灭菌(玻璃器具等)
火焰消毒	高温	由表及里,不均匀	持续 3 秒	液化喷枪、喷灯	耐热用具(如兔笼、笼地板、产箱、地面、墙体等)

续表 4-1

消毒方法	作用因子	穿透能力	处理剂量	主要设备	适宜用途
过滤灭菌	黏附阻流			各类型滤板滤器	液体、空气的除菌（兔舍进风口、饮水设备等）
紫外线消毒	电磁波	限于表面和浅表液体	2.5 瓦/米^2，实验室 1 小时以上；消毒室 5～10 分钟	紫外线灯及固定、移动装置	空气、薄层透明液体消毒（实验室空气、进出口消毒室）

1. 机械性消毒　用清扫、铲除、洗刷等机械方法清除降尘、污物及被污染的墙壁、地面以及设备上的粪尿、残余饲料、废物、垃圾等。这些工作多属于兔场的日常饲养管理内容，只要按照兔场日常管理认真执行，即可最大限度地减少兔舍内外的病原微生物。

这种消毒方法在一些大型兔场实施的全进全出的管理模式中特别重要。当一栋或几栋兔舍出栏后，对腾空的兔舍要进行彻底清扫，所用设备为高压水枪、铲子等。需要指出的是，冲洗过程中最好使用消毒剂，特别是发生过传染病的兔舍，以免冲洗的污水不经处理成为新的污染源。

2. 通风换气　通风换气可以减少空气中微粒与细菌的数量，减少经空气传播疫病的机会。日常管理中每天定时打开门窗或排风设备，加强通风，即使在严寒季节，也要在中午气温较高的时段进行通风，一方面降低兔舍有害气体的浓度，同时可减少舍内病原菌的数量。

3. 阳光及紫外线消毒 直射阳光中波长在240～280纳米的紫外线具有较强的灭菌作用。一般病毒和非芽孢的菌体，在直射阳光下数分钟到数小时就能被杀死。即使是抵抗力很强的芽孢，在连续几天的强烈阳光下，反复暴晒也可变弱或杀死。生产中对使用过的产箱、食槽、笼底板、兔笼、饲料车等在清洗干净后，在阳光充足的条件下进行直射，消毒效果较好。注意定时把所晒物品不同界面朝向太阳，达到彻底消毒的目的。

紫外线灯因为射线穿透力甚微，只对表面光洁的物体才有较好的消毒效果，因此很少用于兔舍的消毒，主要用于兔场更衣室、实验室的消毒。

4. 高温消毒 高温消毒主要有火焰、煮沸与蒸汽等3种形式。

火焰消毒可以杀灭一般微生物及对高温比较敏感的芽孢，这是一种较为简单的消毒方法，兔笼、底板、食槽、产箱等设备及用具均可采用火焰消毒。也可定时采用火焰消毒方法焚烧附着在兔笼、底板上的兔毛，防止毛球病的发生。目前我国家兔养殖场（户）多采用市售的液化气喷枪或火焰喷灯进行消毒（图4-1），消毒彻底，费用较低。但应注意：由于火焰消毒过程中产生的噪声比较大，对于集中产仔或妊娠后期较为集中的兔舍，尽量避开这一时期。在带兔消毒过程中，防止烧伤兔体。消毒要到位，宁可重复消毒，也要防止出现盲区如笼底板下方等。每处火焰扫射时间须在3秒以上。

图4-1 火焰消毒

煮沸和蒸汽消毒效果比较确实，主要消毒衣物和器械。

5. 过滤消毒 过滤除菌是以物理阻留的方法去除介质中的微生物，主要用于去除气体和液体中的微生物。其除菌效果与滤器材料的特性、滤孔大小和静电因素有关。主要有网击阻留、筛孔阻留、静电吸附等几种方法。兔舍空气进口处、自动饮水系统等采用过滤消毒来净化空气和水质。

（二）化学消毒

化学消毒就是选用化学消毒剂进行消毒的方法。

1. 化学消毒剂的种类 选择消毒剂必须了解消毒剂

的适用性、消毒力强度、毒性大小、腐蚀性、价格、配制和使用方法等并根据消毒对象和实际情况选用(表 4-2)。

表 4-2　常用消毒剂种类、性质、用途与用法

类别	消毒剂	性状、规格与作用	应用浓度与方法
酚类	苯酚(石炭酸)	白色针状结晶,弱碱性,易溶于水,有芳香味,杀菌力强	2%用于皮肤消毒;3%～5%用于环境与器械消毒
	煤酚皂(来苏儿)	无色,遇光或空气变为深褐色,与水混合成为乳状液体。含 50%煤酚	2%水溶液用于皮肤消毒;3%～5%用于环境消毒;5%～10%用于器械消毒
	复合酚(毒菌净、菌毒敌、农乐)	黑褐色液体	0.5%～1%用于被病毒、细菌、真菌等污染的兔舍、笼具和场地的消毒
醇类	乙醇(酒精)	无色透明液体,易挥发,易燃,可与水和挥发油任意混合	70%～75%用于皮肤和器械消毒
碱类	氢氧化钠(火碱)	白色棒状、块状、片状,易溶于水,碱性溶液,易吸收空气中的二氧化碳	0.5%溶液用于煮沸消毒,敷料消毒;2%用于病毒消毒;5%用于炭疽病消毒;消毒笼具,12 小时后用水冲洗
	生石灰	白色或灰白色块状,无臭,易吸水,生成氢氧化钙	加水配制 10%～20%石灰乳涂刷兔舍墙壁、笼舍和地板等消毒;也可用干粉铺撒地面
	草木灰	呈碱性	20%～30%热溶液消毒兔舍地面

续表 4-2

类别	消毒剂	性状、规格与作用	应用浓度与方法
醛类	福尔马林	无色，有刺激性气味的液体，含 40% 甲醛，90℃下易生成沉淀	5%环境消毒；10%用于固定病料；与高锰酸钾配伍熏蒸消毒兔笼、房舍等（见熏蒸消毒表）
	戊二醛	挥发慢，刺激性小，碱性溶液，有强大的灭菌作用	2%水溶液，用 0.3%碳酸氢钠调整 pH 值在 7.5～8.5 可消毒，不能用于精密仪器、器材的消毒
氧化剂类	过氧乙酸	无色透明酸性液体，易挥发，具有浓烈刺激性，不稳定，对皮肤、黏膜有腐蚀性；20%，40%	0.2%用于器械消毒；0.5%～5%用于环境消毒
	过氧化氢	无色透明，无异味，微酸、苦，易溶于水，在水中分解成水和氧气	1%～2%创面消毒；0.3%～1%黏膜消毒
	臭氧	在常温下为淡蓝色气体，有鱼腥臭味，极不稳定，易溶于水	30 毫克/米^3，15 分钟室内空气消毒；0.5 毫克/升，10 分钟用于水消毒；15～20 毫克/升用于污染源污水消毒
	高锰酸钾	深紫色结晶，溶于水	0.1%用于创面和黏膜消毒，0.01%～0.02%用于消化道清洗

续表 4-2

类　别	消毒剂	性状、规格与作用	应用浓度与方法
表面活性剂类	新洁尔灭	无色或淡黄色透明液体，无腐蚀性，易溶于水，稳定耐热，长期保存不失效。1%，5%，10%	0.01%～0.05%用于洗眼和阴道，冲洗消毒；0.1%用于外科器械（浸泡30分钟以上）和皮肤消毒（手要浸泡5分钟）；1%用于手术部位消毒；0.02%水溶液用于局部创伤感染湿敷；0.5%水溶液用于皮肤、黏膜消毒；0.05%水溶液用于器械消毒（加亚硝酸钠0.5%，以防生锈）
含碘消毒剂	碘酊（碘酒）	红棕色液体，微溶于水，易溶于乙醚、氯仿等有机溶剂	2%～2.5%用于皮肤消毒
	碘伏（络合碘）	主要剂型为聚乙烯吡咯烷酮碘和聚乙烯醇碘等，性质稳定，对皮肤无害	0.5%～1%用于皮肤消毒；0.00001%浓度用于饮水消毒
含氯消毒剂	漂白粉	白色颗粒状粉末，有氯臭味，久置空气中失效，大部溶于水和醇	5%～10%用于环境和饮水消毒
	漂白粉精	白色结晶，有氯臭味，含氯稳定	0.5%～1.5%用于地面、墙壁消毒；0.3～0.4克/升饮水消毒

续表 4-2

类　别	消毒剂	性状、规格与作用	应用浓度与方法
含氯消毒剂	氯胺类	白色结晶，有氯臭味，属氯稳定类消毒剂	0.1%～0.2%浸泡物品与器材消毒；0.2%～0.5%水溶液喷雾用于室内空气及表面消毒
烷类消毒剂基	洗必泰（氯己啶）	白色结晶，微溶于水，易溶于醇，禁忌与升汞配伍	0.01%～0.025%用于腹腔、膀胱等冲洗；0.02%～0.05%水溶液，术前洗手浸泡5分钟

2. 化学消毒剂使用方法　常用的有浸泡法、喷洒（雾）法、熏蒸法，近年来气雾法也普遍使用。

（1）*浸泡法*　适用于器械、用具、衣物等的消毒；场区进门处以及在兔舍进门处消毒槽内，也用浸泡消毒或用浸泡消毒药物的草垫或草袋对人员的靴（鞋）进行消毒。

（2）*喷洒（雾）法*　用于兔舍空间消毒、地面、墙裙、舍内固定设备等的消毒，是兔场使用最为广泛的方法。应该注意：喷洒（雾）法可增加兔舍湿度，应选择天气晴朗，温暖的中午进行，尽量避开梅雨季节和寒冷时期进行。

（3）*熏蒸法*　适用于密闭空间以及密闭空间的物品，如兔舍、饲料库、饲料用具、饮水器等的消毒。这种方法简便、省钱，对房舍无损，驱散消毒后的气体较简便，但必须在兔舍无兔的情况下进行。实际操作中，首先兔舍和设备必须进行清扫、清洗与干燥，然后，紧闭门窗和通风口，舍内温度要求在18℃～27℃，相对湿度在65%～

80%,用适量的消毒剂进行熏蒸(表4-3)。

表4-3 熏蒸消毒用药剂量

兔舍状况	浓度等级	甲醛用量/(毫升/米^3)	高锰酸钾用量/(克/米^3)	加水量/(毫升/米^3)
未用过的兔舍	1倍浓度	14	7	10
未发疫病兔舍	2倍浓度	28	14	10
已发疫病兔舍	3倍浓度	42	21	10

(4)气雾法 是把消毒液通过气雾发生器喷射出雾状消毒剂微粒,是消灭病原微生物的理想办法。用于全面消毒兔舍空间,一般用5%过氧乙酸溶液(2.5毫升/米^3)。

(三)生物消毒

利用微生物分解有机质而释放出的生物热(温度60℃～70℃)杀灭各种病菌、病毒及虫卵等,主要用于粪便、非传染病死亡尸体的消毒。

四、兔场防疫消毒制度

兔场的环境消毒效果受到许多条件的制约,往往不是通过1次消毒或者使用1种消毒方法就能达到理想的效果,而是需要有系统、有计划、有程序、多种方法与措施相结合地来实施。因此,任何一个养兔企业都必须制订严格的消毒防疫管理制度。消毒防疫工作由防疫员具体实施。

(一)防疫消毒制度的基本内容

1. 进入生产区的人员、车辆须严格消毒　在兔场大门口设置消毒池，水深保持10～15厘米，内放2%～3%氢氧化钠溶液或季胺盐类消毒剂，用于车进入时轮胎的消毒。消毒液约1周更换1次。在生产区的门口和兔舍门外也要设消毒池，消毒液一般用3%氢氧化钠或3%来苏儿，消毒液应2～3天定时更换1次。兔舍门口的内侧设置0.1%百毒杀或1%来苏儿消毒水盆，进入兔舍后需先进行洗手消毒3分钟，再用清水洗干净，然后才可以开始工作。消毒液3天应更换1次。车辆消毒池及人的脚踏消毒池断面见图4-2。

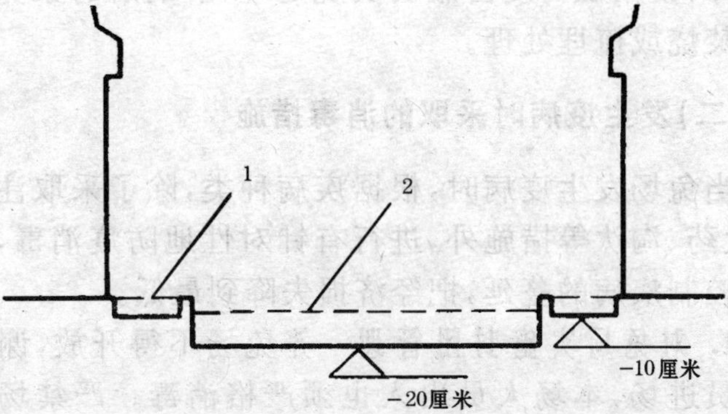

图4-2　兔场大门口消毒池断面
1. 脚踏消毒池　2. 车辆消毒池

生活区与生产区要分开。进入兔场的工作人员或临时工作人员都要更换消毒服、鞋帽后，才可以进入生产区。消毒衣服每周消毒1次,也可穿着一次性塑料套服。消毒服限于在生产区内穿着。有条件可先淋浴消毒或在装有紫外线的消毒室停留5～10分钟后,再更换消毒服。

运送饲料的包装袋,回收后必须经过消毒,方可再利用,以防止污染饲料。

2. 兔舍、食槽、饮水器要定期消毒 家兔的饮水器、饮水管、食槽、用具及粪池和兽医室要定期进行清理消毒;家兔转群后对空舍及时消毒,兔舍消毒后空置1周后再转入家兔。病、死兔的笼位要严格消毒,注意把该兔周围的兔笼也要进行消毒。

3. 粪便、死尸和废弃物要做无害化处理 粪便、死尸和废弃物要做无害化处理。防疫用后的注射器要高压灭菌消毒;使用后的疫苗瓶要焚烧处理;解剖后的家兔尸体要做焚烧或掩埋处理。

(二)发生疫病时采取的消毒措施

当兔场发生疫病时,根据疾病种类,除了采取注射疫苗、投药、淘汰等措施外,进行有针对性地防疫消毒,可以有效控制疾病的蔓延,把经济损失降到最低。

1. 对兔场实施封闭管理 养兔场不得开放,谢绝外来人员进场,本场人员出入也须严格消毒。严禁场内饲养人员相互串舍。发生疫病的兔舍应设专人管理,需要他人协助工作时,协助人员进出疫舍时要严格消毒,防止把疫病扩散到其他兔舍。

2. 彻底进行消毒 所有与病兔接触过的物件,均应用强消毒剂或高浓度消毒剂消毒。尽快将垫草焚烧或埋入土中，勿再与其他家兔接触。用含消毒液的气雾对舍内空间消毒。舍内设备要移出并消毒，墙裙与混凝土地面须进行消毒。对于腾空的兔舍进行密封，用甲醛等剂熏蒸。

(三)防疫消毒注意事项

第一，无论采取哪种方法进行消毒，都要仔细、消毒到位，不能敷衍了事；化学消毒要轮换使用消毒剂。消毒时要注意操作者的安全和卫生防护。

第二，兔舍电源要有漏电保护器，使用高压水枪冲洗兔舍时防止打湿电源开关等连接处，保证用电安全。

第三，使用火焰消毒时注意防止烧伤兔体和人身安全；同时，尽量避开妊娠后期、产仔较为集中时期。

第四，在熏蒸消毒之前可将工作服、饲养管理过程中需要的用具同时放入舍内进行熏蒸消毒。

第五，兔舍熏蒸消毒之后，必须通风排除甲醛等剂后方可进兔。

思考题

1. 火焰消毒应注意哪些问题？
2. 熏蒸消毒应注意哪些问题？
3. 兔场消毒制度的基本内容有哪些？
4. 发生疫病时采取的消毒措施有哪些？

第五章　兔群免疫接种和家兔常见传染病的防控

有组织、有计划地进行免疫接种，是预防和控制家兔传染病的一种重要措施。免疫接种工作是家兔防疫员的主要工作之一。

一、家兔免疫接种的种类

(一)预防接种

为了防患于未然，平时必须有计划地给健康兔群进行免疫接种。预防接种应按一定的免疫程序进行。不同地区、不同类型的兔场的免疫程序不同。一般来说，免疫程序的制订首先要考虑当地疾病流行情况及严重程度，据此才能决定需要接种何种疫苗，达到什么样的免疫水平。

(二)紧急接种

在发生传染病时，为了迅速控制和扑灭疫病的流行，而对疫群、疫区和受威胁区域尚未发病的兔群进行应急性免疫接种。实践证明，在疫区内使用兔瘟、魏氏梭菌、巴氏杆菌、支气管败血波氏杆菌等疫(菌)苗进行紧急接种，对控制和扑灭疫病具有重要作用。

紧急接种除使用疫（菌）苗外，也常用免疫血清。免疫血清虽然安全有效，但常因用量大、价格高、免疫期短，大群使用往往供不应求，目前在生产上较少使用。

发生疫病做紧急接种使用疫苗时，必须对已受传染威胁的兔群逐只进行详细检查，并只能对正常无病的兔进行紧急接种。对于病兔及可能已受感染的潜伏期病兔，必须在严格消毒的情况下，立即隔离、治疗或淘汰，不能再接种疫（菌）苗，否则不但不能保护，反而促使它更快发病。通常在紧急接种后数天内兔群中发病数反而有增加的可能，但一般在注射 7～8 天后，发病数明显下降，并使疫病的流行很快得到控制。

紧急接种时，必须防止针头、器械的再污染，尤其在病兔群接种，必须 1 兔 1 针，并注意注射部位的消毒工作。

二、家兔常用疫（菌）苗和接种方法

（一）常用疫（菌）苗用法

家兔常用疫（菌）苗及用法见表 5-1。

（二）接种方法

1. 注射部位　家兔疫（菌）苗均采用耳后颈部皮下注射，个别厂家生产的疫苗可采用肌内注射，实际免疫时按各厂家推荐方法使用。注射部位要用酒精棉球消毒后进行，否则有感染化脓的危险。

表 5-1 家兔常用疫(菌)苗用法

疫(菌)苗名称	预防的疾病	使用方法及注意事项	免疫期
兔瘟灭活苗	兔瘟	30 日龄初次免疫,皮下注射 2 毫升;60～65 日龄二次免疫,剂量 1 毫升,以后每隔 5.5～6 个月免疫 1 次,5 天左右产生免疫力。一般初免用单联苗,以后可用二联或单联苗	6 个月
巴氏杆菌灭活苗	巴氏杆菌病	仔兔断奶免疫,皮下注射 1 毫升,7 天后产生免疫力,每兔每年注射 3 次	4 个月
波氏杆菌灭活苗	波氏杆菌病	母兔配种时注射,仔兔断奶前 1 周注射,以后每隔 6 个月皮下注射 1 毫升,7 天后产生免疫力,每兔每年注射 2 次	6 个月
魏氏梭菌(A 型)氢氧化铝灭活苗	魏氏梭菌性肠炎	仔兔断奶后即皮下注射 2 毫升,7 天后产生免疫力,每兔每年注射 2 次	6 个月
伪结核灭活苗	伪结核耶新氏杆菌病	30 日龄以上兔皮下注射 1 毫升,7 天后产生免疫力,每兔每年注射 2 次	6 个月
大肠杆菌病多价灭活苗	大肠杆菌病	仔兔 20 日龄进行首免,皮下注射 1 毫升,待仔兔断奶后再免疫 1 次,皮下注射 2 毫升,7 天后产生免疫力,每兔每年注射 2 次	6 个月

续表 5-1

疫(菌)苗名称	预防的疾病	使用方法及注意事项	免疫期
沙门氏杆菌灭活苗	沙门氏杆菌病(腹泻和流产)	妊娠初期及30日龄以上的兔,皮下注射1毫升,7天后产生免疫力,每兔每年注射2次	6个月
克雷伯氏菌苗	克雷伯氏菌病	仔兔20日龄进行首免,皮下注射1毫升,仔兔断奶后再免疫1次,皮下注射2毫升,每兔每年注射2次	6个月
葡萄球菌灭活苗	葡萄球菌病	每兔皮下注射2毫升,7天后产生免疫力,母兔每年注射2次	6个月
呼吸道病二联苗	巴氏杆菌病,波氏杆菌病	妊娠初期及30日龄以上的兔,皮下注射2毫升,7天后产生免疫力,每兔每年注射2次	6个月
兔瘟-巴氏-魏氏三联苗	兔瘟、巴氏杆菌病、魏氏梭菌性肠炎	青年兔、成年兔每兔皮下注射2毫升,7天后产生免疫力,每兔每年注射2次。不宜作初次免疫	4~6个月

兔群行紧急接种时,必须1兔1个针头,绝不能1个针头连续注射。

2. 注射剂量和免疫次数 在一定限度内,疫苗用量与免疫效果成正相关,过低的剂量刺激强度不够,不能产生足够强烈的免疫反应;而剂量增加到一定程度之后,免疫效果不增加，反而受到抑制，称为免疫麻痹。因此，疫苗的剂量应严格按照疫苗生产厂家推荐剂量使用，不得随意增减。

使用灭活苗时，在初次应答之后，间隔一定时间重复免疫，可刺激机体产生较高水平的抗体和持久免疫力，间隔时间视疫苗种类而定，有的疫苗产生免疫力快。目前断奶幼兔兔瘟免疫就采用二次免疫的方法，以提高免疫效果。

目前对于一次注射较大剂量疫苗，如魏氏梭菌苗，注射剂量为 2 毫升/只，注射后多数出现吸收不良、化脓等现象，导致免疫效果下降。笔者建议：除严格消毒注射部位外，针头进入皮下后，针头一边做扇形运动，一边注射疫苗。也可在 2 个部位各注射 1/2。

3. 注意事项 在进行紧急免疫注射时，应注意以下事项：①注射针筒应使用 5 号针管，这样容易掌握剂量，也可使用连续注射器。针头以 7 号针头为宜，针头过细，疫苗容易堵塞针头。②注射用针筒、针头要经煮沸消毒 15～30 分钟、冷却后方可使用。③疫苗使用前、注射过程中应不停地振荡，使注射进去的疫苗均匀。④临产母兔尽量避免注射疫苗，以防因抓兔而引起流产。⑤防疫注射必须在兽医师指导、监督下进行，由防疫员和掌握注射要领的人员实施，一定要认真仔细安排，注射顺序由前至后，由上到下逐个抓兔注射，防止漏注。对未注射的家兔应及时补注。⑥同一季节需注射多种疫苗时，未经联合试验的疫苗宜单独注射，且前后 2 次疫苗注射间隔时间应在7天左右。⑦当天开瓶的疫苗当天用完，剩余部分要坚决废弃。⑧疫苗空瓶要集中做无害化处理，不能随意丢弃。⑨防疫员要填写疫苗免疫登记表（表格见兔场兽医统计工作一章），以便安排下一次防疫注射日期。

（三）制订合理的免疫程序

根据当地和本场疫病流行情况、家兔种类和用途、疫苗特点等制订合理的免疫程序，保证每种疫苗在适当的时机和以适当的途径接种，才能起到良好的免疫效果。在制订免疫程序时，应考虑母源抗体的影响。防疫程序并非一成不变的，应根据疫病流行特点、兔群情况及时更新。

（四）使用质量合格的疫（菌）苗

最好使用国家正式批准生产厂家的疫苗，如果正式厂家没有，可选用一些大专院校、科研单位的中试产品。选购时应认真检查疫苗的生产日期、有效期及用法用量说明。另外，还要检查苗瓶有无破损、瓶塞有无脱落与渗漏，禁止使用有破损的疫苗。

一般情况下单苗效果优于联苗。

三、家兔常见传染病的防控

近年来，随着疾病发生和防治的多样性进一步增加，防控理念和防控措施的复杂性、科学性进一步提高。对防疫员来说，应该对家兔场常见病的综合防控知识有一个基本理解，这样更有助于细致、到位地落实具体防疫措施。

(一)细菌性传染病

1. 巴氏杆菌病 本病是由多杀性巴氏杆菌引起的各种病症的总称。表现为败血型、肺炎型、传染性鼻炎、中耳炎、化脓性眼结膜炎、子宫脓肿、睾丸炎和脓肿病灶等病症。是家兔的一个主要疾病。

(1)病原 多杀性巴氏杆菌为革兰氏阴性菌，两端钝圆、细小，呈卵圆形的短杆状，菌体两端着色深，但培养物涂片染色两极着色不够明显。

(2)典型症状与病理变化

①败血型：急性时精神委靡，不食，呼吸急促，体温达41℃以上，鼻腔流出浆液性、脓性鼻液。死前体温下降，四肢抽搐。病程短的24小时内死亡，长的1～3天死亡。流行初期有的病例不显症状而突然倒毙。剖检见全身性出血、充血和坏死变化。该型可激发于其他任何一型巴氏杆菌病，但最多见于鼻炎型和肺炎型之后，此时可见到其他型的症状和病变。

②肺炎型：以急性纤维素化脓性肺炎和胸膜炎为特征。病初食欲不振，精神沉郁，常以败血症告终。肺的病变为纤维素性、化脓性、坏死性肺炎及纤维素性胸膜炎和心包炎变化。

③鼻炎型：以浆液性或黏脓性鼻炎和副鼻窦炎为特征。

④中耳炎型：单纯中耳炎多无明显症状，如炎症蔓延

至内耳或脑膜、脑炎，则可表现斜颈、头向一侧偏斜甚至出现运动失调和其他神经症状。剖检时在一侧或两侧中耳的鼓室内有白色或淡黄色渗出物。鼓膜破裂时，从外耳道流出炎性渗出物。也可见化脓性内耳炎和脑膜脑炎。

⑤结膜炎型：眼睑中度肿胀，结膜发红，有浆液性、黏液性或黏脓性分泌物。

⑥生殖器官感染型：母兔感染时可无明显症状，或表现为不孕并有黏脓性分泌物从阴道流出。子宫扩张，黏膜充血，内有脓性渗出物。公兔感染初期附睾出现病变，随后一侧或两侧的睾丸肿大，质地坚硬，有的伴随脓肿。

⑦脓肿型：全身各部皮下、内脏均可发生脓肿。皮下脓肿可触摸到。脓肿内含有白色、黄褐色奶油状脓汁。

(3)诊断要点　春、秋季多发，呈散发或地方性流行。除精神委顿、不食与呼吸急促外，据不同病型的症状、病理变化可做出初步诊断，确诊须做细菌学检查。

(4)防控措施　建立无多杀性巴氏杆菌种兔群。定期消毒兔舍，降低饲养密度，加强通风。对兔群经常进行临诊检查，将流鼻液、中耳炎、结膜炎的病兔及时检出，隔离饲养和治疗。定期用兔巴氏杆菌灭活菌苗免疫接种，每年注射 3 次，同时在饲料中添加 0.5%兔宝，对预防本病发生效果确切。

(5)治疗　①青霉素、链霉素联合注射。每兔青霉素 2 万～5 万单位，链霉素 5 万～10 万单位，混合，一次肌内注射，每日 2 次，连用 3 天。②磺胺二甲嘧啶。内服，首次量每千克体重 0.2 克，维持量为 0.1 克，每日 2 次。用药同时应注意配合等量的碳酸氢钠。③皮下注射抗巴氏杆菌高免单价或多价血清，每千克体重 6 毫升，8～10 小时再重复注射 1 次。④鼻炎清连喂 3～5 天。

本病病型较多，因此诊断时要特别仔细，并注意与兔出血症、葡萄球菌病、波氏杆菌病、李氏杆菌病等鉴别。

2. 魏氏梭菌病 本病是由 A 型或 E 型产气荚膜菌(即魏氏梭菌)及其所产生的外毒素引起的一种消化道传染病，死亡率很高，是兔的重要传染病之一。

(1)病原 主要为 A 型产气荚膜梭菌，少数为 E 型产气荚膜梭菌。本菌属条件性致病菌，革兰氏染色阳性，厌氧条件下生长繁殖良好。可产生多种毒素。

(2)典型症状和病理变化 急性腹泻，粪便有特殊腥臭味，呈黑褐色或黄绿色，污染肛门等部位。轻摇兔体可听到“咣、咣”的拍水声。多数水泻后当天或翌日死亡。流行期有未见腹泻即迅速死亡的病例。胃多胀满，黏膜脱落，有出血斑点和溃疡。小肠壁充血、出血，肠腔充满含气泡的稀薄内容物。盲肠浆膜有条纹状出血，内容物呈黑色或黑褐色。心脏外膜血管怒张呈树枝状。有的膀胱积有茶色或蓝色尿液。

(3)诊断要点 ①发病不分年龄，以 1～3 月龄幼兔多发，饲料配方、气候突变，长期饲喂抗生素等多种应激因素均可诱发本病；②急性腹泻后迅速死亡；③剖检见胃与盲肠有出血、溃疡等特征病变；④抗生素治疗无效；⑤确诊须做病原菌及其毒素检测。

(4)防控措施　日粮中应有足够的粗纤维，饲料变更应逐步进行，减少各种应激因素的作用。兔群定期用A型魏氏梭菌菌苗免疫接种，每年注射2次，同时饲料中添加0.5%兔宝可有效预防本病的发生。

(5)治疗　发生本病后，在饲料中增加粗饲料比例的同时，还应注射A型魏氏梭菌高免血清。感染早期可试用卡那霉素每千克体重20毫升，肌内注射，每日2次，连用3天，同时配合对症治疗，如腹腔注射5%糖盐水进行补液，口服食母生(5～8克/只)和胃蛋白酶(1～2克/只)，疗效更好。

诊断本病时应抓住腹泻症状和出血坏死性胃肠炎的病变。由于腹泻，故注意与泰泽氏病、大肠杆菌病、沙门氏菌病、球虫病等疾病做鉴别。治疗对初期效果较好，晚期无效。对无临床症状的兔紧急注射疫苗，剂量应加倍。

3. 大肠杆菌病　本病是由一定血清型的大肠杆菌及其分泌的毒素引起的一种暴发性、死亡率很高的仔、幼兔肠道传染病。其特征为水样或胶冻样粪便及脱水。

(1)病原　埃希氏大肠杆菌，为革兰氏阴性菌，呈椭圆形。引起仔兔大肠杆菌病的主要血清型有O_{128}，O_{85}，O_{88}，O_{119}，O_{18}，O_{26}等。

(2)典型症状与病理变化　以腹泻、流涎为主。最急性的未见任何症状突然死亡，急性的1～2天内死亡，亚急性的7～8天死亡。体温正常或稍低，四肢发冷，磨牙，精神沉郁，被毛粗乱，腹部臌胀(肠道充满气体和液体所致)。病初有黄色明胶样黏液和附着有该黏液的干粪排出。有时带黏液粪球与正常粪球交替排出，随后出现黄色水样稀便或白色泡沫。主要病理变化为胃肠炎，肠道尤其是大肠内有黏液样分泌物，小肠内含较多气体。也可见其他病变。

（3）诊断要点　①有改变饲料配方、气候骤变等应激史；②断奶前后仔、幼兔多发；③从肛门排出黏胶状物；④有明显的黏液性胃肠炎病变；⑤确诊须做病原菌及其毒素检测。

（4）防控措施　仔兔断奶前后不能骤然改变饲料，饲喂要定时定量，春、秋季要注意保持舍温的相对稳定，减少各种应激因素。20～25 日龄仔兔皮下预防接种，用本场分离的大肠杆菌制成的菌苗免疫接种，效果最好。也可给断奶前后的仔兔拌料喂给痢特灵，连喂 3～5 天或饲料中添加 0.5%兔宝Ⅰ号。

（5）治疗　①链霉素，每千克体重 20 毫克肌内注射，每日 2 次，连用 3～5 天。②庆大霉素，每兔 1 万～2 万单位肌内注射，每日 2 次，连用 3～5 天。③促菌生，每只 2 毫升（约 10 亿个活菌）口服，每日 1 次，连用 3 次。④对症治疗时，可在皮下或腹腔注射 5%糖盐水或口服生理盐水及收敛药等，以防脱水。

注意与泰泽氏病、球虫病、沙门氏菌病、魏氏梭菌病等做鉴别，但本病腹泻的特征是黏胶样肠内容物，这是鉴别要点之一。本病早期治疗效果较好。饲料添加或注射药物，是预防兔群不再发病的主要措施。晚期治疗效果差。

4. 葡萄球菌病　本病是由金黄色葡萄球菌引起的，以机体各部位、各器官化脓性炎症或致死性脓毒败血症为特征的家兔常见多发病。

(1)病原　金黄色葡萄球菌为革兰氏阳性菌，能产生高效价的 8 种毒素。

(2)典型症状与病理变化　常表现以下几种病型。

①脓肿：原发性脓肿位于皮下或某一内脏，手摸时兔有痛感、稍硬、有弹性，以后逐渐增大变软。脓肿破溃后流出浓稠、乳白色的脓液。一般患兔精神、食欲正常。以后可引起脓毒败血症，并在多脏器发生转移性脓肿或化脓性炎症。

②仔兔脓毒败血症：仔兔出生后 2～3 天皮肤发生粟粒大白色脓疱，脓汁呈乳白色乳油状，多在 2～5 天以败血症的形式死亡。剖检时肺脏和心脏常见许多白色小脓疱。

③乳房炎：产后 5～20 天的母兔多发。在急性病例，乳房肿胀、发热，红色有痛感。乳汁中混有脓液和血液。慢性时，乳房局部形成大小不一的硬块，之后发生化脓，脓肿也可破溃流出脓汁。

④仔兔急性肠炎(黄尿病)：因仔兔食入患乳房炎母兔的乳汁而引起。一般全窝发生。病仔兔肛门四周和后肢被稀便污染，仔兔昏睡，不食，死亡率高。剖检见出血性胃肠炎病变。膀胱极度扩张并充满淡黄色尿液，氨臭味极浓。

⑤脚皮炎：足底部皮肤脱毛、红肿，之后形成脓肿、破

溃，最终形成大小不一的溃疡面。病兔小心换脚休息，跛行。有些病例可因败血症死亡。

(3)*诊断要点* 根据皮肤、乳腺和内脏器官的脓肿及腹泻等症状与病变可怀疑本病，确诊应进行病原菌分离鉴定。

(4)*防控措施* 清除兔笼内一切尖利的物品，产箱内垫草要柔软、清洁。兔体受外伤时要及时做消毒处理，疫苗注射部位要严格消毒。产仔前后的母兔适当减少饲喂量和多汁饲料供给量。发病率高的兔群要定期用葡萄球菌菌苗免疫接种，每年注射 2 次。

(5)*治疗*

①局部治疗：局部脓肿与溃疡按常规外科处理，涂搽 5%龙胆紫酒精溶液，或碘酒、5%石炭酸溶液、青霉素软膏、红霉素软膏等药物。

②全身治疗：新青霉素Ⅱ，每千克体重 10～15 毫克，肌内注射，每日 2 次，连用 4 天。

眼观初步诊断时一定要发现化脓性炎症，仔兔的肠炎要注意和其他疾病所致的肠炎做鉴别。由于巴氏杆菌病、绿脓杆菌病等也可表现化脓性炎症，因此要从病原和病变等多方面来做鉴别。

5. 支气管败血波氏杆菌病 本病是由支气管败血波氏杆菌引起家兔的一种呼吸器官传染病，其特征是鼻炎和化脓性支气管炎。

(1)*病原* 支气管败血波氏杆菌，为一种细小杆菌，革兰氏染色阴性，常呈两极染色。是家兔上呼吸道的常在性寄生菌。

(2)典型症状与病理变化

①鼻炎型：较为常见，多与巴氏杆菌混合感染，鼻腔流出浆液或黏液性分泌物(通常不呈脓性)。病程短，易康复。

②支气管肺炎型：鼻炎长期不愈。鼻腔流出黏液性至脓性分泌物。呼吸加快，食欲不振，逐渐消瘦。成年兔多为慢性，幼兔和青年兔常呈急性。剖检时，如为支气管肺炎型，支气管腔可见混有泡沫的黏脓性分泌物，肺有大小不等、数量不一的脓肿。肝、肾等器官也可见脓肿。

(3)诊断要点　①有明显鼻炎、支气管肺炎症状；②有特征的化脓性支气管肺炎和肺脓肿等病变；③病原菌分离鉴定。

(4)防控措施　保持兔舍清洁和通风良好；及时检出、治疗或淘汰有呼吸道症状的病兔。定期用波氏杆菌菌苗免疫接种，每只皮下注射 1 毫升，免疫期 6 个月。

(5)治疗　①庆大霉素，每只每次 1 万～2 万单位肌内注射，每日 2 次。②卡那霉素 ，每只每次 1 万～2 万单位肌内注射，每日 2 次。③链霉素，每千克体重 20 毫克肌内注射。④鼻炎清，在饮水或饲料中添加，连用 3～5 天，效果确切。

鼻炎型应与巴氏杆菌病及非传染性鼻炎鉴别；支气管肺炎型应与巴氏杆菌病、绿脓假单胞菌病及葡萄球菌病鉴别。治疗本病停药后易复发，有脓肿的病例治疗效果不明显，应及时淘汰。

6. 沙门氏菌病 沙门氏菌病又称副伤寒，是由鼠伤寒沙门氏菌和肠炎沙门氏菌引起的一种消化道传染病，幼兔多表现为腹泻和败血症，妊娠母兔主要表现为流产。

(1)病原 鼠伤寒沙门氏菌和肠炎沙门氏菌为革兰氏阴性杆菌。

(2)典型症状和病理变化 个别不显症状突然死亡。幼兔多表现急性腹泻，粪便带有黏液，体温升高，不食，渴欲增强，很快死亡。剖检见内脏充血、出血，淋巴结肿大，肠壁有灰白色结节，肝有小坏死灶，脾肿大等。母兔表现化脓性子宫内膜炎和流产，流产多发生于1个月前后，故胎儿多发育完全。孕兔流产后常引起死亡，流产的胎儿多数已发育完全。如未死而康复者不易受胎。未流产的胎儿常发育不全、木乃伊化或液化。

(3)诊断要点 ①根据幼兔腹泻、内脏病变和孕兔化脓性子宫内膜炎、流产可做初步诊断。②确诊应根据细菌学与血清学检查。

(4)防控措施 加强饲养管理，增强兔体抗病力。定期对兔舍、用具进行消毒。彻底消灭老鼠和苍蝇。妊娠前后母兔用鼠伤寒沙门氏菌灭活菌苗免疫接种，每兔皮下注射1毫升；疫区家兔每年定期注射2次。定期用鼠伤寒沙门氏菌诊断抗原普查带菌兔，对阳性者要隔离治疗，无治疗效果者严格淘汰。

(5)治疗 链霉素，每只0.1～0.2克肌内注射，每日2次，连用3～4天。

本病的临床诊断主要依靠腹泻和流产症状，但这些症状见于多种疾病，如腹泻见于魏氏梭菌病、大肠杆菌病、泰泽氏病、葡萄球菌病、球虫病等，应注意鉴别。

7. 李氏杆菌病　本病为人兽共患病，是由产单核细胞李氏杆菌引起的。以突然发病死亡或表现间歇性神经症状，也可发生流产。

(1)病原　病原体为李氏杆菌，革兰氏染色阳性，在抹片中单个分散、相互并列或呈"V"字形。鼠类是本菌在自然界的贮藏库。

(2)典型症状和病理变化　潜伏期一般为2～8天。

①急性型：幼兔多发，精神委靡，不吃，体温升高到40℃以上。鼻炎、结膜炎，1～2天内死亡。

②亚急性与慢性型：主要表现为间歇性神经症状，如咬肌痉挛，全身震颤，眼球凸出，头颈偏向一侧，做转圈运动等。如侵害孕兔则于产前2～3天发病，阴道流出红色或棕褐色分泌物。血中单核细胞增多。病理变化为鼻炎、化脓、坏死性子宫内膜炎、单核细胞性脑炎和肝脏、心脏、肾脏、脾脏等内脏坏死灶形成。

(3)诊断要点　①幼兔(常呈急性)与孕兔(多为亚急性与慢性)较多发；②急性病例呈一般败血性变化、鼻炎与结膜炎、肝灶状坏死，亚急性与慢性有子宫、脑和内脏的特征变化；③确诊须做李氏杆菌分离鉴定与动物接种试验。

(4)防控措施　做好灭鼠和消灭蚊虫工作。发现病兔，立即隔离治疗或淘汰，消毒兔笼和用具。对有病史的兔场或长期不孕的兔，可采血检验单核白细胞变化情况，以确定隐性感染的家兔。

(5)治疗 ①磺胺脒或磺胺嘧啶,每千克体重0.3克肌内注射,每日2次。②增效磺胺嘧啶,每千克体重25毫克肌内注射,每日2次。③四环素,每只200毫克口服,每日1次。④庆大霉素,每千克体重1～2毫克肌内注射,每日2次。⑤新霉素,每只2万～4万单位,混于饲料中喂给,每日3次。

8. 野兔热 本病又称土拉热,是由土拉热弗朗西斯菌引起人兽共患的一种急性、热性、败血性传染病。本病的特征为体温升高和淋巴结、肝、脾等内脏器官的化脓坏死结节形成。

(1)病原 土拉热弗朗西斯菌呈多形性,为革兰氏阴性菌,美蓝染色两极着色良好。

(2)典型症状和病理变化

①急性型:不易看到临床症状,仅有个别病例于临死时表现精神委靡,食欲不振,运动失调,2～3天内呈急性败血症而死亡。

②慢性型:发生鼻炎,鼻腔流出黏性或脓性分泌物,体温升高1℃～1.5℃,极度消瘦,最后衰竭而死。剖检见淋巴结、肝脏、脾脏、肾脏肿大与化脓坏死结节形成。

(3)诊断要点 ①多发于春末至夏初啮齿动物与吸血昆虫活动季节;②有鼻炎、体温升高、消瘦、衰竭与血液白细胞增多等临诊症状;③有特征病理变化;④病原菌检查。

(4)防控措施 兔场要注意灭鼠杀虫,驱除兔体外寄生虫，经常对笼舍及用具进行消毒，严禁野兔进入饲养场。引进种兔要隔离观察，确认无病后方可入群。发现病兔要及时治疗，无治疗价值的要扑杀处理。疫区可试用弱毒菌苗预防接种。

(5)治疗　病初可用以下药物治疗：①链霉素，每千克体重 20 毫克肌内注射，每日 2 次，连用 4 天。②金霉素，每千克体重 20 毫克，用 5% 葡萄糖液溶解后静脉注射，每日 2 次，连用 3 天。

此病的症状无特异性，只能作为诊断参考。病理变化有较大诊断价值，但要与伪结核病、李氏杆菌病等做鉴别。本病属人兽共患病，剖检时要注意防护，以免感染。治疗应尽早进行，病至后期疗效不佳。

9. 伪结核病　本病是由伪结核耶尔新氏菌所引起的一种慢性消耗性疾病。临床特征为腹泻。该病为人兽共患病，多种哺乳动物、禽类和人均可感染。

(1)病原　病原体是伪结核耶尔新氏杆菌，为革兰氏阴性菌，属多形态的球状短杆菌，有两极染色倾向。鼠类是本病菌的自然贮存宿主。

(2)典型症状和病理变化　主要表现腹泻、消瘦，经 3～4 周死亡。剖检见盲肠蚓突、圆小囊、肠系膜淋巴结与脾脏等内脏器官有粟粒状灰白色坏死结节形成。偶有呈败血症而死亡的病例。

(3)诊断要点　①慢性腹泻与消瘦；②内脏典型的坏死性结节病变；③取材检查病原菌可确诊。

(4)防控措施　本病以预防为主，发现可疑病兔立即淘汰，消毒兔舍和用具，加强卫生和灭鼠工作。同时注意人身防护。用伪结核耶尔新氏杆菌多价灭活菌苗免疫接种，每兔皮下注射1毫升，每年注射2次可预防本病的发生。

(5)治疗　①链霉素，每次每千克体重20毫克肌内注射，每日2次，连用3～5天。②四环素片内服，每次1片(0.25克)，每日2次。

10. 结核病　本病是由分枝杆菌引起的，以肺脏、淋巴结等器官形成结核结节及渐进性消瘦为特征的一种慢性传染病。

(1)病原　为分枝杆菌，革兰氏染色阳性，一般染色方法较难着色，常用的方法为齐-尼氏(Ziehl-Neelsen)抗酸染色法，菌体呈红色。

(2)典型症状和病理变化　病初常无明显症状，随疾病发展，出现咳嗽，喘气，呼吸困难，消瘦等症状。患肠结核的病兔，常表现腹泻，有的病例四肢关节肿大或骨骼变形，甚至发生脊椎炎和后躯麻痹。剖检见淋巴结、肺脏等脏器有结核结节形成，结节常发生干酪样坏死。

(3)诊断要点　①主要发生于成年兔，表现慢性消瘦和程度不等的呼吸障碍；②淋巴结、肺脏等脏器有结核结节病变，组织学检查可见到上皮样细胞和巨细胞；③细菌学检查；④生前可试用结核菌素皮内试验。

(4)防控措施　兔场、兔舍要远离牛舍、鸡舍和兔圈，减少病原传播的机会。定期检疫，及时淘汰病兔　。禁用患结核病病牛、病羊的乳汁喂兔。患结核病的人不能当饲养员。

本病以预防为主，一般可不进行治疗。对种用价值高的病兔用异烟肼和链霉素联合治疗。每只兔每天口服异烟肼1～2克，肌内注射对氨基水杨酸4～6克，间隔1～2天用药1次。

11. 坏死杆菌病　本病是由坏死梭杆菌引起的以皮肤和口腔黏膜坏死为特征的散发性慢性传染病。

(1)病原　坏死梭杆菌，为多形性革兰氏阴性细菌，为球杆状、短杆状或长丝状。严格厌氧，本菌广泛存在于自然界，也是健康动物扁桃体和消化道黏膜的常在菌。

(2)典型症状和病理变化　患兔不食，流涎，体重减轻，体温升高。唇部、口腔黏膜、齿龈、脚底部、四肢关节及颈部、头面部以至胸前等处的组织均可发生坏死性炎症，形成脓肿、溃疡。病灶溃烂后，病变组织散发出恶臭气味。最后衰竭死亡。

(3)诊断要点　根据患病部位组织的坏死及特殊臭味可做出初步诊断。确诊应依据坏死梭杆菌的鉴定。

(4)防控措施　清除饲草、笼内的锐利物，以防损伤兔体表面皮肤和黏膜。对已经破损的皮肤、黏膜要及时用3%双氧水或1%高锰酸钾溶液洗涤，但不可涂结晶紫和龙胆紫。

(5)治疗

①局部治疗：清除掉坏死组织，口腔先用0.1%高锰酸钾溶液冲洗，然后涂搽2%碘甘油，每日2～3次。其他部位可用3%双氧水或5%来苏儿液冲洗，然后涂搽

5%鱼石脂酒精或鱼石脂软膏。患部出现溃疡时，清理创面后涂擦土霉素或青霉素软膏。

②全身治疗：可用磺胺二甲嘧啶，每千克体重0.15～0.2克肌内注射，每日2次，连用3天。

12. 绿脓杆菌病 本病是由绿脓假单胞菌引起人兽共患的一种散发性传染病。

(1)病原 绿脓假单胞菌为中等大小的革兰氏阴性菌，本菌对一般消毒药敏感，对磺胺类药物、青霉素等不敏感。

(2)典型症状和病理变化 患兔精神沉郁，食欲减退或废绝，呼吸困难，体温升高，腹泻，排出褐色稀便，一般在出现腹泻24小时左右死亡。慢性病例有腹泻表现，有的出现皮肤脓肿，脓液呈淡绿色或灰褐色黏液状，有特殊气味。也可见到化脓性中耳炎病变。

(3)诊断要点 ①急性为败血性，无特异症状和病变；慢性主要见于皮下、内脏等部的脓肿或化脓性炎症以及腹泻和出血性肠炎。②确诊应做病原菌检查和动物接种。

(4)防控措施 加强日常饮水和饲料卫生，防止水源和饲料被污染。做好兔场防鼠灭鼠工作。有病史的兔群可用绿脓假单胞菌苗进行免疫接种，每只1毫升，皮下注射，免疫期半年，每年2次。

(5)治疗 ①多黏菌素，每千克体重1万单位，分2次肌内注射，连用3～5天。②新霉素，每千克体重2万～3万单位肌内注射，每日2次，连用3～5天。

13. 泰泽氏病　本病是由毛样芽孢杆菌引起的急性传染病。特征是严重腹泻，排水样或黏液样粪便，脱水或迅速死亡。

(1)病原　毛样芽孢杆菌，为严格的细胞内寄生菌，形体细长，革兰氏染色阴性，能形成芽孢，PAS(过碘酸锡夫氏)染色着色良好。

(2)典型症状和病理变化　发病急，以严重的水泻和后肢沾有粪便为特征。患兔精神沉郁，不吃，迅速脱水而消瘦，于1～2天内死亡。少数耐过者，长期食欲不振，生长停滞。剖检见坏死性盲肠结肠炎，回肠后段与盲结肠前段浆膜明显出血，肝坏死灶形成及坏死性心肌炎。

(3)诊断要点　①6～12周龄幼兔较易发病，严重水泻，12～48小时死亡；②盲肠、结肠、肝脏与心脏的特征病变；③肝、肠病部组织涂片，姬姆萨氏或PAS染色，在细胞质中发现病原菌。

(4)防控措施　加强饲养管理，注意清洁卫生，兔的排泄物要做发酵处理。消除各种应激因素，如过热、拥挤等。

(5)治疗　患病早期用0.006％～0.01％土霉素水供患兔饮用。也可用青、链霉素联合肌内注射。治疗无效时，应及时淘汰。

14. 链球菌病　本病是由溶血性链球菌引起的一种急性败血性传染病，主要危害幼兔。春、秋季多发。

(1)病原　为C群β型溶血性链球菌，革兰氏染色阳性，圆形或卵圆形，在病料中成对或组成长短不等的链状。

(2)典型症状和病理变化　体温升高，不吃，精神沉郁，呼吸困难，间歇性腹泻。或死于脓毒败血症。剖检见皮下组织浆液出血性炎症、卡他出血性肠炎、脾肿大等败血性病变。

(3)诊断要点　根据症状流行特点和病变可怀疑本病，确诊须进行病原菌分离鉴定。

(4)防控措施　防止兔感冒，减少诱病因素。发现病兔立即隔离，并进行药物治疗。

(5)治疗　①青霉素，每只 5 万～10 万单位肌内注射，每日 2 次，连续 3 天。②红霉素，每只 50～100 毫克肌内注射，每日 2～3 次，连用 3 天。③磺胺嘧啶钠，每千克体重 0.2～0.3 克内服或肌内注射，每日 2 次，连用 4 天。

15. 棒状杆菌病　本病是由鼠棒状杆菌和化脓棒状杆菌所引起的一种以实质器官及皮下或关节等部位形成小化脓灶为特征的传染病。

(1)病原　病原体为鼠棒状杆菌和化脓棒状杆菌，革兰氏染色呈阳性。

(2)典型症状和病理变化　病兔常无明显症状而逐渐消瘦，食欲不佳，皮下发生脓肿和变形性关节炎等。剖检见肺和肾脏有小脓肿病灶，皮下也有脓肿病灶，切开脓肿后流出淡黄色、干酪样脓液，关节肿胀，化脓性或增生性炎症。

(3)诊断要点　生化鉴定和动物试验可确诊。

(4)防控措施　目前无特异预防办法，主要靠加强饲养管理及清洁卫生工作，防止外伤感染。一旦发生外伤，应立即涂碘酊或龙胆紫，以防伤口感染。用青霉素、链霉素、新肿凡纳明等治疗有效。

16. 肺炎克雷伯氏菌病　本病是由肺炎克雷伯氏菌引起的一种家兔散发性传染病，青年兔、成年兔以肺炎及其他器官化脓性病灶为特征，幼兔以腹泻为特征。

(1)病原　肺炎克雷伯氏菌为革兰氏染色阴性，链霉素对本菌有抑制和杀死作用。

(2)典型症状和病理变化　青年、成年患兔病程长，无特殊临床症状，一般表现为食欲逐渐减少和渐进性消瘦，被毛粗乱，行动迟钝，呼吸时而急促，打喷嚏，流稀水样鼻液。剖检见肺部和其他器官、皮下、肌肉有脓肿，脓液呈灰白色或白色黏稠物。幼兔剧烈腹泻，迅速衰弱，以至于死亡。幼兔肠道黏膜充血、淤血、肠腔内有多量黏稠物和少量气体。本病常与大肠杆菌病并发。

(3)诊断要点　通过生化鉴定及动物接种进行确诊。

(4)防控措施　目前无特异性预防方法。治疗可用链霉素，按每千克体重肌内注射 2 万单位，一日 2 次，连用 3 天。

17. 肺炎球菌病　本病是由肺炎双球菌引起的一种呼吸道传染病，其特征为体温升高、咳嗽、流鼻液和突然死亡。

(1)病原　肺炎双球菌，革兰氏染色阳性。

(2)典型症状和病理变化　精神沉郁，减食，体温升高，咳嗽，流黏液性或脓性鼻液。幼兔患病常呈败血症变化突然死亡。剖检见气管和支气管黏膜充血及出血，管腔内有粉红色黏液和纤维素性渗出物。肺部有大片的出血斑或水肿、脓肿。多数病例呈纤维素性胸膜炎和心包炎，心包与肺或与胸膜之间发生粘连。肝脏肿大，呈脂肪变性。脾脏肿大。子宫和阴道黏膜出血。

(3)*诊断要点*　妊娠兔和成年兔多发，且常为散发。幼兔可呈地方性流行，呈败血症突然死亡。根据临床症状和病理变化可初步诊断，确诊应依细菌学检查。

(4)*防治措施*　主要是加强饲养管理，严格执行兽医卫生防疫制度。受威胁兔群，可使用药物进行预防性治疗。

(5)*治疗*　①抗生素，青霉素每千克体重 2 万～4 万单位，肌内注射，每日 2 次，连用 3～5 天。卡那霉素、新生霉素与庆大霉素治疗也有效。②磺胺二甲基嘧啶，每千克体重 0.05～0.1 克，口服，每日 2 次，连用 4 天。③抗肺炎双球菌高免血清，每兔 10～15 毫升，加入青霉素或新霉素4 万～8 万单位，皮下注射，每日 1 次，连用 3 天，疗效明显。

18. 布鲁氏病　本病是由流产布鲁氏菌或马耳他布鲁氏菌引起母兔流产为特征的人兽共患的地方性、慢性传染病。

(1)*病原*　流产布鲁氏菌或马耳他布鲁氏菌，革兰氏染色呈阴性。

(2)*典型症状和病理变化*　患兔表现为流产、子宫炎，从阴道内流出大量分泌物，甚至脓性或血样分泌物。体温升高。公兔的附睾和睾丸肿胀。有时会出现脊椎炎，造成后肢麻痹。剖检肝脏、脾脏、肺脏及腋淋巴结出现脓肿。母兔子宫内蓄脓，黏膜溃疡或坏死。公兔的附睾和睾丸可能有炎性坏死和化脓灶。通过培养和分离细菌及凝集试验可确诊本病。

（3）诊断要点　流产、病理变化可做出初步诊断，凝集试验可确诊本病。

（4）防控措施　引进种兔要严格检疫，对凝集试验阳性兔坚决淘汰。兔场位置应远离其他动物饲养场。对流产兔要判断病因，确诊为本病的要严格淘汰，并对其排出的胎儿及其污染物彻底清除、消毒，同时对其他正常兔做凝集试验，确定是否遭感染。

（5）治疗　有价值的种兔可进行治疗，链霉素每千克体重 20 毫克，每日 2 次，肌内注射，连用 5 天。金霉素每兔 100～200 毫克，分 2 次内服，连用 5 天。磺胺嘧啶，每千克体重 150～200 毫克，每日 2 次内服，连用 3 天。子宫炎可用 0.1%高锰酸钾溶液冲洗，然后放入金霉素胶囊，每日 1 次。睾丸炎可局部温敷、涂搽消炎软膏等。

19. 破伤风　本病又称强直症，是由破伤风梭菌引起的兔的一种急性、中毒性传染病。其特征是运动神经中枢应激性增高和肌肉强直性痉挛。

（1）病原　破伤风梭菌及其芽孢在自然界分布较广，在污染的土壤和粪便中以芽孢的形式长期存活。对动物与人都有很高的易感性，感染发病后死亡率可达 100%。

（2）典型症状和病理变化　不食，牙关紧闭，四肢强直，角弓反张，全身性痉挛，体温不高，常急速死亡。

(3)诊断要点　患兔有剪毛、咬伤、钉伤、分娩、手术及注射等不注意消毒史。典型的牙关紧闭,四肢强直,角弓反张,全身性痉挛等症状,可确诊。

(4)防控措施　兔舍、兔笼及用具要保持清洁卫生,严禁有外露的铁钉及铁丝,严防发生各种外伤。一旦发生外伤,要及时进行外科处理。注射及手术时要严格消毒,剪毛时避免损伤皮肤。可试用破伤风类毒素进行接种免疫。本菌芽孢抵抗力很强,消毒须用4%福尔马林或10%苛性钠溶液才能杀死。

(5)治疗　病兔放入安静、清洁的兔舍,肌内注射抗破伤风血清,每兔每次1万～2万单位,每日1次,连用3天,以中和毒素。镇静可用25%盐酸氯丙嗪肌内注射,每千克体重0.1～0.15毫升,每日2次。解痉用25%硫酸镁注射液,每兔每次肌内注射1～2毫升,每日2次。

(二)病毒性传染病

1. 兔病毒性出血症(兔瘟,出血热)　兔病毒性出血症,俗称兔瘟,兔出血症。是由兔病毒性出血症病毒引起的家兔的一种急性、高度接触性传染病,是危害养兔生产的主要疾病之一。

(1)病原　兔病毒性出血症病毒是一种新发现的病毒,具有独特的形态结构。

(2)典型症状和病理变化　最急性病例突然死亡。急性病例体温升到41℃以上,精神委靡,不喜动,食欲减退,饮水增多,病程12～48小时,死前表现呼吸急促,兴奋,挣扎,狂奔,啃咬兔笼,全身颤抖,体温突然下降。有的尖叫几声后死亡。有的鼻孔流出泡沫状血液，肛门松弛，周围被少量淡黄色胶样物沾污，粪球混有淡黄色胶样物。慢性的可耐过、康复。剖检见气管与肺充血、出血，心外膜、胃肠浆膜、肾、胸腺、淋巴结等组织器官均明显出血，实质器官变性，脾淤血肿大等。

（3）诊断要点　①青年兔与成年兔的发病率、死亡率高。月龄越小发病越少，仔兔一般不感染。一年四季均可发生，多流行于冬、春季。②主要呈全身败血性变化，以多发性出血最明显。③确诊须做病毒检查鉴定以及血凝和血凝抑制试验。

（4）防控措施　①定期接种兔瘟疫苗。30 日龄用兔瘟单联苗，每只皮下注射 2 毫升。60～65 日龄时再次注射 1 毫升。以后每隔 5.5～6 个月注射 1 次。②禁止从疫区购兔。③严禁收购肉兔、兔毛、兔皮等商贩进入生产区。④病死兔要深埋或焚烧，不得乱扔。使用的一切用具、排泄物均需 1%氢氧化钠溶液消毒。

本病无特效治疗药物。可使用抗兔瘟高免血清治疗。一般在发病后尚未出现高热症状时使用。若无高免血清，应对未表现临床症状兔进行兔瘟疫苗紧急接种，剂量加倍，1 兔用 1 个针头。

2. 兔传染性水疱口炎　本病俗称流涎病，是由兔水疱性口炎病毒引起的一种急性传染病。其特征是口腔黏膜形成水疱和伴有大量流涎。具有较高的发病率，死亡率可达 50%。

（1）病原　为水疱性口炎病毒，属弹状病毒科水疱病毒属。该病毒存在于病兔的水疱液、水疱皮及局部淋巴结中。

(2)典型症状和病理变化　口腔黏膜发生水疱性炎症,并伴随大量流涎。病初口腔黏膜潮红、充血,随后出现粟粒至扁豆大结节的水疱。水疱破溃后形成溃疡。流涎使颌下、胸前和前肢被毛黏成一片,发生炎症、脱毛。如继发细菌性感染,常引起唇、舌、口腔黏膜坏死,发出恶臭。患兔食欲下降或废绝,精神沉郁,消化不良,常发生腹泻,日渐消瘦,虚弱。幼兔死亡率高,青年兔、成年兔较低。

(3)诊断要点　根据流行病学资料、症状和病变常做出诊断;必要时做病毒鉴定。

(4)防控措施　经常检查饲料质量,严禁用粗糙、带芒刺饲草饲喂幼兔。发现流口水兔,及时隔离治疗,并对兔笼、用具等用2%氢氧化钠溶液消毒。

(5)治疗　①可试用青霉素粉剂涂于口腔内,剂量以火柴头大小为宜,一般1次可治愈。但剂量大时易引起兔死亡。②先用防腐消毒液(如1%盐水)冲洗口腔,然后涂搽碘甘油、明矾与少量白糖的混合剂,每日2次。全身治疗可内服磺胺二甲嘧啶,每千克体重0.2～0.5克,每日1次。③对可疑病兔喂服磺胺二甲嘧啶,剂量减半。

3. 兔痘　本病是由兔痘病毒引起的一种致死率很高的接触性传染病,其特征是皮肤、口鼻黏膜及腹膜、内脏器官的痘疹形成。

(1)病原　兔痘病毒。病毒存在于病兔的全身组织器官，以肾上腺和肾脏含量最高。病兔的分泌物和排泄物中含有大量病毒。

(2)典型症状和病理变化 潜伏期在新疫区2～9天，老疫区2周。

①痘疱型：体温升高，不食，流鼻液，淋巴结（特别是腘淋巴结和腹股沟淋巴结）、扁桃体肿大。皮肤出现痘疹病变，表现为红斑、丘疹、坏死和出血。有发生外生殖器炎、支气管肺炎、流产和神经症状。感染后1～2周死亡。剖检见皮肤、口鼻黏膜及腹膜、内脏器官有痘疹病变。

②非痘疱型：多无典型痘疹变化，但常见胸膜炎、肝坏死灶、脾肿大、睾丸水肿与出血以及肺和肾上腺的灰白色小结节。

(3)诊断要点 ①根据流行特点、症状、皮肤与黏膜的痘疹病变，结合肺、肝、脾、胆囊黏膜、淋巴结、腹膜和网膜的痘疹结节病变可做出诊断。②必要时进行病毒鉴定。口腔病变应注意与传染性水疱口炎鉴别。

(4)防控措施 加强日常卫生防疫工作，避免引入传染源。兔受到本病威胁时，可用牛痘疫苗做紧急预防接种。本病目前尚无有效治疗措施。

4. 乳头状瘤病

(1)病原 乳多孔病毒科的乳头状瘤病毒属。

(2)典型症状和病理变化 具有传染性，兔群中如有1只患病，则乳头状瘤可长期存在，并能发生恶性变化，引起死亡。在皮肤（头、颈、乳腺、腹、背、四肢、肛门等部）或口腔黏膜（主要在舌腹面）形成肿瘤。肿瘤位于皮肤时，呈黑色或暗灰色，表面有厚层角质。口腔瘤多位于舌腹面，灰白色，呈结节状，表面光滑，较大时形似花椰菜。

(3)诊断要点　根据肿瘤发生部位、病理特征(皮肤或口腔黏膜的乳头状瘤形成)和传染性可做出初步诊断，确诊应依据病毒分离与鉴定。

(4)防控措施　控制传染源，消灭昆虫等媒介，严格兽医卫生防疫制度。

5. 仔兔轮状病毒病　本病是由轮状病毒引起的仔兔的一种肠道传染病，以腹泻为特征，死亡率达40%。

(1)病原　病原为兔轮状病毒。

(2)典型症状和病理变化　病兔昏睡，食欲下降或废绝。排出半流质或水样粪便，后臀部沾有粪便。多数于腹泻后2天内死亡。青年兔、成年兔常呈隐性感染而带毒，多数不表现症状，或仅见少数病例呈短暂的食欲不振和排软便。剖检病死兔，空肠、回肠部的绒毛呈多灶性融合和中度缩短或变钝，肠细胞呈扁平状。有些肠段的黏膜固有层和下层轻度水肿。

(3)诊断要点　兔群一旦发生本病，随后将每年连续发生。仅根据病理变化难以做出诊断，但从本病的流行特点(2～6周龄的仔兔，尤以4～6周龄仔兔最易感，发病率和死亡率最高)和特征性临床症状以及治疗试验(抗生素疗效不佳)可做出倾向性诊断。

(4)防控措施　本病目前尚无有效的疫苗与治疗办法，重点在于预防。

可用轮状病毒高免血清治疗，每千克体重皮下注射2

毫升，每日 1 次，连用 3 天。

6. 传染性兔纤维瘤　本病是由兔纤维瘤病毒引起的家兔和野兔的一种良性肿瘤病。临床上以皮下或黏膜下结缔组织形成纤维瘤为特征。

(1)病原　纤维瘤病毒为双股 DNA 病毒，分类上属于野兔痘病毒属、痘病毒科。本病毒能于鸡胚、小鼠脑内增殖，也可于兔体培养细胞中增殖，并形成细胞堆积的病理变化。

(2)典型症状和病理变化　自然感染病兔，多在腿、脚等部位皮下形成坚实圆形的肿瘤，常松弛地附着于皮下或黏膜下结缔组织，具有滑动性。肿瘤可保持数月。有的病兔外生殖器充血、水肿。一般成年兔发生局限的良性肿瘤，幼兔可发生死亡。剖检见病变局部皮下组织增厚，皮下肿瘤长大而逐渐变硬，肿瘤一般无炎症或坏死反应。组织学检查，肿瘤是由纺锤形的结缔组织细胞所组成。

(3)诊断要点　吸血昆虫繁殖季节多发。根据症状和病理变化可做出初步诊断，确诊需进行病原学检查。

(4)防控措施　①引入种兔时要严格检疫，隔离观察，证明无病后方可入大群饲养，杜绝病原传入。②兔场防止野兔及吸血昆虫侵入。③发现病兔立即扑杀，尸体深埋或焚烧，兔舍、兔笼、用具等严格消毒。④流行区兔群可用兔纤维瘤病毒疫苗进行免疫接种。

(三)其他传染病

1. 兔密螺旋体病(兔梅毒)　本病是由兔梅毒密螺旋

体引起成年兔的一种性传播的慢性传染病。

（1）病原　兔密螺旋体呈革兰氏染色阴性的细长螺旋形微生物，姬姆萨氏染色呈玫瑰红色。本病原微生物只感染兔，其他动物不受感染。

（2）典型症状和病理变化　潜伏期为2～10周。病兔精神、食欲、体温均正常，主要病变为母兔阴唇和肛门皮肤和黏膜发生炎症、结节和溃疡。公兔阴囊水肿，皮肤呈糠麸样。阴茎水肿，阴茎头肿大；睾丸也会发生病变。通过搔抓病部分泌物中的病原体带至其他部位，如鼻、唇、眼睑、面部、耳等处。慢性者导致患部呈干燥鳞片状病变，被毛脱落。腹股沟淋巴结与腘淋巴结肿大。母兔病后失去配种能力，受胎率下降。

（3）诊断要点　成年兔多发，放养兔较笼养兔易发。发病率高，但几乎无死亡。根据外生殖器的典型病变可做初步诊断，确诊应依病原体的检出。

（4）防控措施　定期检查公、母兔外生殖器，对患兔或可疑兔停止配种，隔离治疗。重病者淘汰，并用1%～2%火碱溶液对笼具进行消毒。引进的种兔，隔离饲养1个月，确认无病后方可入群。

（5）治疗　新胂凡纳明（九一四），每千克体重40～60毫克，用生理盐水配成5%溶液，耳静脉注射。1次不能治愈者，间隔1～2周重复1次。配合青霉素治疗，效果更佳。青霉素每日50万单位，分2次肌内注射，连用5天，局部可用2%硼酸溶液、0.1%高锰酸钾溶液冲洗后，涂搽碘甘油或青霉素软膏。治疗期间停止配种。

2. 附红细胞体病　本病是由附红细胞体引起的一种人兽共患传染病。其特征是发热、贫血、黄疸、消瘦和脾脏、胆囊肿大。

（1）病原　附红细胞体是一种多形态微生物，多数为环形、球形和卵圆形，少数为顿号形和杆状。我国于1981年首先在家兔中发现附红细胞体病后，现已分布于全国各地。

（2）典型症状和病理变化　精神不振，食欲减退，体温升高，结膜淡黄，贫血，消瘦，全身无力，不愿活动，喜卧。呼吸加快，心力衰弱，尿黄，粪便时干时稀。有的病兔出现神经症状。病死兔血液稀薄，黏膜苍白，质膜黄白，腹腔积液，脾脏肿大，胆囊胀满，胸膜脂肪和肝脏黄染。

（3）诊断要点　可根据贫血、消瘦等临床症状和病理变化而做出初步诊断。确诊则须做实验室检查。

（4）防控措施　①消除各种应激因素对兔体的影响，夏、秋季防止昆虫叮咬。发生疫情时，隔离病兔进行治疗，无治疗价值的一律淘汰。用0.3%过氧乙酸溶液或2%火碱溶液进行全面消毒。未发病兔群，喂服混有四环素的饲料，并饮用含有0.003%百毒杀的水，进行药物预防。

（5）治疗　可用新胂凡纳明，每千克体重40～60毫克，以5%葡萄糖溶液溶解成10%注射液，静脉缓慢注射，每日1次，隔3～6天重复用药1次。四环素，每千克体重40毫克，肌内注射，每日2次，连用7天。土霉素，每千克体重40毫克，肌内注射，每日2次，连用7天。血虫净

(贝尼尔)、氯苯胍等,也可用于本病的治疗。

3. 放线菌病 本病是由放线菌引起家兔的骨髓炎和皮下脓肿为特征的疾病。

(1)病原 主要为牛放线菌,革兰氏染色呈阳性。

(2)典型症状和病理变化 本菌可侵袭下颌骨、鼻骨、足跗关节、腰椎骨,造成骨髓炎。下颌骨或其他部位骨骼肿胀,采食困难。受害部位的皮下软组织出现炎症,肿胀甚至脓肿或蒂囊肿,随后结缔组织内出现增生形成致密的肿瘤样团块。病变组织中可充满脓汁,最后组织破溃形成瘘管,脓汁从瘘管内排出。主要病变部位多见于头、颈部。

(3)诊断要点 根据主要临床症状,病变和病变组织中"硫黄颗粒"的染色可做出初步诊断。

(4)防治措施 ①防止皮肤、黏膜发生损伤,有伤口时及时处理。②本菌对碘敏感,可静脉注射10%碘化钠治疗,每兔每次20~40毫克,隔日1次。病变周围注射青霉素和链霉素。

4. 毛癣菌病(皮肤真菌病) 本病是由致病性皮肤癣真菌引起的以皮肤局部脱毛、形成痂皮甚至溃疡为特征的传染病。该病是养兔场严重的传染病之一。

(1)病原 癣菌是引起毛癣菌病最常见的病原体,石膏样毛癣菌等也可引起。

(2)典型症状和病理变化 病初多发生在头部(如嘴周围、鼻部、面部、眼周围)、耳朵及颈部等皮肤,继而感染肢端、腹下和其他部位。患部皮肤呈不规则的块状或圆形、椭圆形脱毛或断毛，覆盖一层灰白色糠麸状痂皮，并发生炎性变化，最后形成溃疡。患兔剧痒，骚动不安，采食下降。逐渐消瘦，或继发感染使病情恶化而死亡。

(3)诊断要点 ①有从感染本病兔群引种史。②仔、幼兔易发，成年兔虽无临床症状但多为带菌者。③特征性皮肤病变。④刮取病部皮屑检查，发现真菌孢子和菌丝体即可确诊。

(4)防控措施 引种要慎重，对来自种兔场的兔尤其是仔、幼兔要严格调查，确信无本病时方可引种。一旦发现兔群有患兔可疑，立即隔离治疗，最好做淘汰处理，并对所在环境进行全面彻底消毒。

本病可传染给人，尤其是小孩、妇女，因此应注意个人防护工作。注意与螨病鉴别。

5. 曲霉菌病 本病主要是由烟曲霉引起家兔的一种深部真菌病。其特征是呼吸器官(尤其是肺和支气管)发生霉菌性炎症，以幼龄兔最为常见。

(1)病原 主要为烟曲霉，有时为黑曲霉。霉菌及其孢子中的毒素是致病的主要原因。霉菌和产生的孢子广泛存在于稻草、谷物、木屑、发霉的饲料及地面、用具和空气中。

(2)典型症状和病理变化 急性病例很少见。慢性病例逐渐消瘦，呼吸困难，且日益加重，症状明显后几周内死亡。剖检见肺的病变。

(3)诊断要点 多见于仔兔，常成窝发生。临床虽可表现程度不等的消瘦和呼吸困难，但生前难以诊断。剖检时，在肺部可见粟粒大的圆形结节，其中为干酪样物，周围有红晕；或在肺中形成边缘不整齐的片状坏死区。确诊需做组织切片，并取材检查曲霉菌。

(4)防控措施　本病应以预防为主。放入产箱内的垫料应清洁、干燥，不含霉菌孢子；不喂发霉饲料；兔舍内保持干燥、通风。本病目前尚无有效的治疗方法。可试用二性霉素 B 或克霉唑治疗。

思考题

1. 家兔常用疫（菌）苗有哪些？分别预防什么疫病？
2. 进行免疫注射时须注意些什么？

第六章　兔群驱虫技术和家兔寄生虫病的防治

多数家兔寄生虫病虽然没有像病毒病、细菌病等传染病危害严重，但兔群一旦感染寄生虫病，就会导致机体抵抗力下降，容易感染其他疾病。因此，做好寄生虫病防治工作对兔群健康和经济效益的提高具有重要的作用。目前定期驱虫是预防家兔寄生虫病的主要措施，作为防疫员要对驱虫相关知识、技术有一定的了解和掌握。

一、家兔寄生虫病的种类与危害

(一)寄生虫病的种类

1. 原虫病　常见的有球虫病、弓形虫病、脑炎原虫病、肉孢子虫病等。

2. 蠕虫病　主要有囊尾蚴病、连续多头蚴病、棘球蚴病、肝片吸虫病、血吸虫病、栓尾线虫、肝毛细线虫病等。

3. 外寄生虫病　主要有螨病、虱病、蚤病等。

(二)寄生虫病的危害

1. 寄生虫病以急性病发作的形式，引起家兔批量死亡　如兔球虫病通常引起断奶至 3 月龄发病，其死亡率高达 80%，严重威胁着家兔生产。

2. 寄生虫病呈慢性经过,降低家兔生产性能 多数家兔寄生虫病呈慢性经过,使家兔生长发育受阻或停滞,饲料报酬降低;兔产品质量降低和废弃;家兔抵抗力下降,并引起其他疾病。如线虫病、螨虫等引起家兔消瘦;患豆状囊尾蚴病易导致兔瘟。

3. 有些属人兽共患病,对人类健康造成严重危害 如家兔棘球蚴病属人兽共患病,因此在与兔接触过程中,应特别注意个人卫生防护。

二、家兔寄生虫病的流行特点与驱虫技术

(一)寄生虫病的流行特点

1. 地方性 在特定兔群流行一些寄生虫病,如饲养犬的兔场,兔群多数感染豆状囊尾蚴,也有发生棘球蚴病。长江流域和南方地区易流行血吸虫病。

2. 季节性 在流行季节上,大部分蠕虫可全年发病,而蝇蛆病多在夏、秋季,螨病则多在秋、冬及梅雨季节。球虫病多发生在梅雨季节,但随着规模养兔生产的发展,实施兔舍控温,可能导致球虫病呈现全年流行的特点,因此对球虫病要制定全年预防计划。

(二)驱虫技术

1. 驱虫方法 控制家兔寄生虫病有两种可供选择的方案:一种是应用各种药物预防或治疗;另一种是用疫苗免疫家兔,使之获得对某种寄生虫的免疫力。但是,寄生

虫疫苗目前可以真正用于生产实践的还很有限，并且存在免疫效果不稳定、免疫保护率不高等问题。因此，目前在生产实践中更多的还是应用药物预防或治疗各种寄生虫感染，也就是通常所说的驱虫。按照驱虫目的和对象的不同可分为治疗性驱虫和预防性驱虫。

(1)治疗性驱虫　即采用各种驱寄生虫药物对潜在感染或已经发病的动物进行治疗，达到驱除或杀灭动物体内外寄生虫、使病兔恢复健康的目的。用药时间主要根据家兔发病的症状和检查结果来选用适宜的药物，最终目的是用药物治愈病兔，如发现兔群有球虫病可用地克珠利或氯苯胍按治疗剂量治疗；患耳螨的兔，可以用伊维菌素进行皮下(针剂)或口服(粉剂、胶囊)；有栓尾线虫可用伊维菌素或丙硫咪唑，豆状囊尾蚴可用吡喹酮进行治疗。

(2)预防性驱虫　即根据“预防为主”原则，采用药物针对有寄生虫寄生的兔群所进行的一种定期性的驱虫措施。这种驱虫方式并不强调动物是否已经发病，而是不论发病与否都施用抗寄生虫药物，主要目的是防止寄生虫病在兔群中流行和暴发。

①定期预防性驱虫：根据寄生虫的流行规律，在每年的一定时间进行 1 次或多次驱虫。对于大多数寄生虫，通常采用 1 年 2 次的预防性驱虫：一次在秋末至冬初进行，这是最重要的一次预防性驱虫，既可保护动物安全越冬，又能减少翌年牧场的污染；另一次是在冬末至春初进行。采取这种方法主要针对兔线虫病和螨病。线虫病可

用伊维菌素或丙硫咪唑；螨病用伊维菌素。驱虫后对兔舍、兔笼进行严格消毒。

②长期给药预防：这里指的是在家兔某个生理阶段，在饲料或饮水中加入一定分量的抗寄生虫药物，让其服用，达到预防寄生虫病的目的。如为了防止兔球虫病的发生，可在18日龄至3月龄的仔、幼兔的饲料和饮水中加入抗球虫药让其服用。而对种兔群则采用定期预防的方法。但是，值得注意的是，长期应用某种抗寄生虫药物，很容易产生耐药性。因此，最好能在一定时间内交叉使用某两种或几种抗寄生虫药物，以减少耐药性产生的几率。

2. 抗寄生虫药物的应用方法和注意事项

(1)抗寄生虫药物的应用方法　在家兔寄生虫病的防制中，正确使用抗寄生虫药物是综合防制措施中重要的一环。加上目前寄生虫出现耐药株的情况日益严重，因此合理使用抗寄生虫药物就显得更加关键。主要用以下几种药物使用方案来延缓抗药性的产生，从而延长抗寄生虫药物的使用寿命。

①联合用药：所谓联合用药，就是将两种或多种抗寄生虫药物按照最佳搭配方案同时或在短期内先后配合使用，以增加治疗效果、减少或消除药物的不良反应或分别治疗不同的症状及合并症。这种方法减少了单一药物的使用量，在一定程度上可以延缓产生抗药性的速度。

②交替用药：所谓交替用药，就是对在同一养兔场内的不同批次家兔轮换使用化学结构不同的抗寄生虫药

物。如可以在第一批兔群使用一种抗球虫药物，当有第二批兔群时就改用另一种或与第一批所使用药物在化学结构上不同的抗寄生虫药物。

③群体给药：为了预防或治疗家兔寄生虫病，促进家兔生长发育，常常对兔群施用抗寄生虫药物。

群体给药主要有以下几种方式。

其一，混料给药。将药物均匀地混入饲料中，让家兔吃饲料时同时吃进药物。这种方法简便易行，适用于长期投药。但应注意药物必须与饲料混合均匀，并掌握饲料中药物的浓度。

其二，混水给药。将药物溶解于水中，让家兔自由饮用。此法尤其适用于因病不能吃食，但还能饮水的家兔。应用此法应注意根据家兔可能饮用的水的量来计算药量与药液浓度。对于不溶于水或在水中易被破坏变质的药物，须采用相应措施，保证疗效。

家兔不耐药浴，生产中不宜采取药浴方法预防和治疗疾病。

④穿梭用药：所谓穿梭用药，是根据寄生虫不同发病阶段采用不同疗效的药物对家兔施用的一种给药方式，这在抗球虫药物使用上比较多见，如在球虫病高发阶段使用高效抗球虫药，在低发阶段使用低效抗球虫药。此方法可延缓抗药性的产生，但也存在使寄生虫形成对几种药物的耐药性，产生多重耐药性虫株的潜在危险。

(2)使用驱虫药的注意事项

①驱虫药的选择原则

一要安全。即所选的药物对家兔具较低的毒性，对家兔无“三致”（致畸、致癌、致突变）及无公害，对兔产品无不良影响。除此之外，还应具有较高的药物指数及较大的安全范围。预防兔球虫病时禁止使用马杜拉霉素，因为该药治疗量与中毒量十分接近，容易中毒。

二要高效。即药物的疗效高，对寄生虫的各个发育阶段均具有抑杀作用。

三要广谱。即所选的药物具有杀灭多种寄生虫的性能，做到一种药防治多种寄生虫。例如，丙硫咪唑可以驱除多种线虫、吸虫、绦虫等。伊维菌素可以杀死螨虫、线虫等。

四要高质。即所选的药物应理化性质稳定，易于加工、运输和贮存，而且经济、适口性好、使用方便。

②用药量要准确：在寄生虫病防治过程中，药物的使用量是关键。用量不足，则达不到驱虫的效果，易诱发抗药性。用量过大，则会引起宿主中毒。为保证药量的准确，应对家兔进行实际称重，根据体重与药物的比例给药，尽量减少目测估计的做法。

③保证驱虫的安全：大规模驱虫前，应先挑选少数家兔进行驱虫试验，在保证药物对家兔安全、有效后再全群给药，对从未使用过的新药更应如此；使用药物时应根据药物的安全性，对体弱、有病、妊娠的家兔分次给药或延缓给药；为保证兔产品的质量，还应注意药物的禁忌和休药期等问题。

④注意用药效果的观察：对家兔用药后，家兔会从粪

便里排除大量的虫体、幼虫、虫卵或卵囊，可以根据动物体内虫体或虫卵减少的情况结合动物的精神、营养等情况综合评价药物的杀虫效果。如果疗效不佳，应及时改用其他的药物，以免延误治疗时机。

三、家兔常见寄生虫病的防治

(一)球虫病

本病主要是由艾美尔属的多种球虫引起兔的一种为害极其严重的体内寄生虫病，其临床特征是腹泻、消瘦、贫血。

1. 病原　侵害家兔的球虫有10多种。寄生于肝或肠。随粪便排出的球虫称为卵囊，呈卵圆形或椭圆形，在外界适宜的条件下发育成熟而具有侵袭性。

2. 典型症状和病理变化　精神不振，食欲减退或废绝，喜卧，贫血，消瘦，腹胀，眼、鼻分泌物及唾液增多，眼结膜苍白，腹泻。尿频或常呈排尿姿势。肝区压痛。后期可见痉挛或麻痹、头后仰、抽搐等神经症状，终因衰竭而死亡。剖检时，肝型见于肝肿大，表面有粟粒至豌豆大的圆形白色或淡黄色结节病灶，切面胆管壁增厚，管腔内有浓稠的液体或有坚硬的矿物质。胆囊肿大，胆汁浓稠、色暗。腹腔积液，见小肠、盲肠黏膜发炎、充血甚至出血，内容物含有大量卵囊。慢性病例肠黏膜呈淡灰色，可见小而硬的灰白色结节(内含卵囊)，尤其是盲肠蚓突部。

3. 诊断要点　①温暖潮湿环境易发；②断奶至3月

龄幼兔易感，死亡率高；③主要表现腹泻、消瘦、贫血等症状；④肝、肠特征病变；⑤检查粪便卵囊，或用肠黏膜、肝结节内容物及胆汁做涂片，检查卵囊、裂殖体与裂殖子等。

4. 防治措施 ①实行笼养，大小兔分笼饲养，定期消毒，保持舍内通风干燥。②兔粪尿要堆积发酵，杀灭粪中卵囊。病死兔要深埋或焚烧。兔的青饲料地严禁用兔粪作肥料。③17～90日龄兔的饲料或饮水中添加抗球虫药物。氯苯胍，按0.015%混饲；莫能菌素，按0.003%混饲；甲基三嗪酮，按0.001 5%饮水，连喂21天。地克珠利，饲料和饮水中按0.000 1%添加；0.5%兔宝饲料添加剂，从18日龄至90日龄使用。

发生本病可按以上药物加倍剂量用药，其中甲基三嗪酮治疗剂量为0.002 5%饮水，连喂2天，间隔5天，再喂2天。

预防用药要经常轮换使用或交替使用，以防产生抗药性。

(二)弓形虫病

本病是由龚地弓形虫引起的人兽共患原虫病，呈世界性分布。

1. 病原 龚地弓形虫，寄生于细胞内，按其发育阶段有5种形态：滋养体、包囊、裂殖体、配子体和卵囊。滋养体和包囊位于中间宿主（人、家畜、鼠等）体内，其他形态只存在于终末宿主（猫）体内。家兔食入被含有弓形虫卵囊的猫粪污染的饲料而感染。

2. 典型症状和病理变化　急性主要见于仔兔，表现突然不吃，体温升高，呼吸加快，眼、鼻有浆液性或黏脓性分泌物，嗜睡，后期有惊厥、后肢麻痹等症状，在发病后2～9天死亡。慢性多见于老龄兔，病程较长，食欲不振，消瘦，后躯麻痹。有的会突然死亡，但多数可以康复。剖检见坏死性淋巴结炎、肺炎、肝炎、脾炎、心肌炎和肠炎等变化。慢性病变不大明显，但组织上可见非化脓性脑炎和细胞中的虫体。

3. 诊断要点　①兔场及其附近有养猫史；②特征性病理变化为胸、腹腔积液；③坏死性淋巴结炎，非化脓性脑炎，小胶质细胞、血管内皮与外膜细胞增生，其中可发现虫体。发现虫体即可确诊。

4. 防治措施　兔场禁止养猫并严防外界猫进入兔场。注意不使兔饲料、饮水被猫粪便污染。留种时须经弓形虫检查，确定为阴性者方可留用。

磺胺类药物对本病有较好的疗效。磺胺嘧啶，按每千克体重70毫克，联合乙胺嘧啶，按每千克体重2毫克，首次量加倍，每日2次内服，连用3～5天。

治疗应在发病初期及时用药。注意饲养管理人员的个人防护。

(三)脑炎原虫病

本病是由兔脑炎原虫引起，一般为慢性或隐性感染，常无症状，有时见脑炎和肾炎症状，据报道该病的发病率达15％～76％。

1. 病原　兔脑炎原虫的成熟孢子呈杆状，两端钝圆，或呈卵圆形。

2. 典型症状和病理变化 通常呈慢性或隐性感染，常无症状，有时可发病，秋、冬季节多发，各年龄兔均可感染发病，见脑炎和肾炎症状，如惊厥、颤抖、斜颈、麻痹、昏迷，平衡失调，蛋白尿及腹泻等。剖检见肾表面有小白色点或大小不等的凹陷状病灶，病变严重时肾表面呈颗粒状或高低不平。

3. 诊断要点 主要根据肾脏的眼观变化及肾、脑的组织变化做诊断。肾、脑可见淋巴细胞与浆细胞肉芽肿，肾小管上皮细胞和脑肉芽肿中心可见脑炎原虫。

4. 防治措施 目前尚无有效的治疗药物。淘汰病兔，加强防疫和改善卫生条件有利于本病的预防。

(四)兔肝毛细线虫病

本病是由肝毛细线虫寄生于兔的肝脏所引起的以肝硬化和中毒现象为主要症状的疾病。

1. 病原 肝毛细线虫属毛首科、毛细属，成虫呈毛发状，体长 4～5 厘米，最长可达 10～12 厘米。虫卵大小为(63～68)微米×(30～33)微米，两端各有 1 个结节，卵壳表面有许多小杆形线。

成虫寄生于肝组织内，雌虫在肝组织内产卵，虫卵一般无法离开肝组织，在虫卵周围形成直径为 0.1～0.2 厘米大小、灰黄色的小结节而使肝脏明显肿大。感染动物的尸体腐烂和分解是虫卵释放的主要途径。另外，也可以通过吞食患病动物肝脏，肝组织被消化后，虫卵随粪便排出体外。虫卵经 4～6 周发育为感染虫卵，这种感染性虫卵再被人或动物吞食后而感染，卵中幼虫在肠内孵出，钻入肠壁，通过门静脉进入肝脏发育为成虫。

2. 典型症状和病理变化 一般无明显的症状表现。剖检可见肝脏有不同程度肿大或发生肝硬变，肝表面出现数量不等的绿豆大小的或带状的淡黄色结节，常可发现不易剥离的纤细虫体。

3. 诊断要点 本病无明显的临床表现，同时因虫卵滞留于肝脏不能随粪排出，生前诊断十分困难。诊断必须依靠尸体剖检，在肝脏中发现虫体或虫卵即可做出确诊。

4. 防治措施 消灭鼠等野生啮齿动物，并防止狗、猫等动物粪便污染兔舍、饲料、饮水和用具。病兔的肝不宜喂给别的动物。

治疗：发病时可试用丙硫苯咪唑治疗，每千克体重10～15毫克，1次内服。必要时1～2周后再服1次，安全有效。

(五)蛲虫病

本病是由栓尾线虫引起的一种感染率较高的内寄生虫病。

1. 病原 栓尾线虫呈白线头样，成虫寄生在盲肠和大肠。

2. 典型症状和病理变化 少量感染时，一般不表现症状。严重感染时，表现心神不定，因肛门有蛲虫活动而发痒，兔用嘴舌啃舔肛门，采食、休息受影响，食欲下降，精神沉郁，被毛粗乱，逐渐消瘦，腹泻，可发现粪便中有乳白色线头样栓尾线虫。剖检见大肠内也有栓尾线虫。

3. 诊断要点 家兔多发。根据患兔常用嘴舌啃舔肛门的症状可怀疑本病,在肛门处、粪便中或剖检时在大肠内发现虫体即可确诊。

4. 防治措施 ①加强兔舍、兔笼卫生管理,对食槽、饮水用具定期消毒,粪便堆积发酵处理。②引进的种兔隔离观察1个月,确认无病方可入群。③兔群每年进行2次定期驱虫。可用丙硫苯咪唑或伊维菌素。

治疗:①伊维菌素有粉剂、胶囊和针剂,根据说明使用。②丙硫苯咪唑(抗蠕敏)按每千克体重10毫克,口服,每日1次,连用2天。③左旋咪唑按每千克体重5～6毫克,口服,每日1次,连用2天。

本病容易诊断。虽然致死率极低,但对兔的休息和营养影响较大,故应引起重视。

(六)肝片吸虫病

本病是由肝片吸虫寄生于肝脏胆管内引起的一种家兔寄生虫病。

1. 病原 肝片吸虫,虫体扁平,呈柳叶状,长20～30毫米,宽5～13毫米。新鲜时呈棕红色。中间宿主为锥实螺。

2. 典型症状和病理变化 主要表现精神委顿,食欲不振,消瘦,衰弱,贫血和黄疸等。疾病严重时眼睑、颌下、胸腹部皮下水肿。剖检见肝脏胆管明显增粗,呈灰白色索状或结节状,突出于肝脏表面。

3. 诊断要点 ①多发生在以饲喂青饲料为主的兔群

中(青饲料多采集于低洼和沼泽地带,易受幼虫感染),呈地方性流行;②粪便检查虫卵;③肝脏特征病变。

4. 防治措施　注意饲草和饮水卫生,不喂沟、塘及河边的草和水。对病兔及带虫兔进行驱虫。驱虫的粪便应集中处理,以消灭虫卵。消灭中间宿主锥实螺。

硝氯酚,具有疗效高、毒性小、用量少等特点,按每千克体重1～2克肌内注射。双酰胺氧醚10%混悬液,每次每千克体重100毫克口服。丙硫苯咪唑,每千克体重3～5毫克,拌入饲料中喂给。肝蛭净按每千克体重每次10～12毫克,口服。

(七)血吸虫病

本病是由日本分体吸虫引起的一种严重的人兽共患病。广泛流行于长江流域和南方地区。

1. 病原　病原体是日本分体吸虫,呈细线状,寄生于门静脉系统的小血管内;虫卵寄生于肝和肠。中间宿主为湖北钉螺。

2. 典型症状和病理变化　少量感染无明显症状。大量感染表现腹泻、便血、消瘦、贫血,严重时出现腹水过多,最后死亡。病理检查时见肝和肠壁有灰白色或灰黄色虫卵结节。慢性病例表现肝硬化,体积缩小,硬度增加,用刀不易切开。在门静脉和肠系膜静脉可找到成虫。

3. 诊断要点　①流行于南方各省;②粪便中虫卵检查;③肝肠典型病变。

4. 防治措施　采取综合防治措施,注意饮水卫生,不喂被血吸虫尾蚴污染的水草,搞好粪便管理。

发现病兔及早治疗。治疗人、畜血吸虫病的药物如血防 846、硝硫氰胺、吡喹酮等可按说明使用于家兔。

(八)豆状囊尾蚴病

本病是由豆状带绦虫的中绦期幼虫——豆状囊尾蚴寄生于兔的肝脏、肠系膜和网膜等所引起的疾病。

1. 病原 豆状带绦虫寄生于狗、猫和狐狸等野生食肉兽的小肠内，成熟绦虫排出含卵结片，兔食入污染有这种结片和虫卵的饲料后，六钩蚴便从卵中钻出，进入肠壁血管，随血流到达肝脏。再钻出肝膜，进入腹腔，在肠系膜、胃网膜等处发育为豆状囊尾蚴。豆状囊尾蚴虫体呈囊泡状，大小如豌豆，囊内含有透明液和 1 个小头节。

2. 典型症状和病理变化 轻度感染一般无明显症状。大量感染时可导致肝炎和消化障碍等表现，如食欲减退，腹围增大，精神不振，嗜睡，逐渐消瘦，最后因体力衰竭而死亡。急性发作可引起突然死亡。剖检见囊尾蚴寄生在肠系膜、网膜、肝表面等处，数量不等，状似小水泡或葡萄串。有些肝实质中见弯曲的纤维化组织。

3. 诊断要点 生前仅以临床症状难以做出诊断，可用间接血细胞凝集试验诊断。剖检发现豆状囊尾蚴即可做出确诊。

4. 防治措施 兔场内禁止饲养犬、猫或对犬、猫定期进行驱虫。驱虫药物可用吡喹酮，每千克体重 5 毫克，拌料喂服。带虫的病兔尸体勿被犬、猫食入。

治疗：兔群一旦检出 1 个病例，应考虑全群预防和治疗。可用吡喹酮，每千克体重 10～35 毫克，口服，每日 1

次，连用5天。

（九）连续多头蚴病

本病是由连续多头绦虫的中绦期幼虫——连续多头蚴寄生于兔的皮下、肌肉、脑、脊髓等组织中所引起的一种疾病。

1. 病原　连续多头绦虫成虫寄生于犬科动物。主要中间宿主为兔和松鼠等啮齿类动物，人也偶然感染。成熟的连续多头蚴的大小可自樱桃大至鸡蛋大，坚实而有弹性，通过透明的囊壁可看到囊内有许多透明、较小的子囊，囊内壁上有许多白色的头节。成虫寄生于犬的小肠，虫卵随犬的粪便排出体外，污染饲料或饮水，被兔等中间宿主吞入，六钩蚴便在消化道内逸出，钻入肠壁，随血液循环到达皮下和肌间结缔组织，发育增大。当带有这种包囊的未经煮熟的兔肉再被犬食入后，犬即感染连续多头绦虫。

2. 典型症状和病理变化　症状因幼虫寄生部位的不同而异。多数虫体包囊寄生于皮下，或肌间结缔组织，其直径可达40～50毫米，有的可达网球大小，呈现相对自由活动的软肿特征。外部则表现为皮下肿块。如寄生于脑及脊髓，则可出现神经症状及麻痹。剖检在病兔的皮下、肌肉，尤其是外咬肌、股肌、肩部、颈部和背部肌肉中，偶尔在体腔和椎管内可见樱桃大至鸡蛋大的结节。

3. 诊断要点　摸到特征性的、可移动的、位于皮下的包囊，可以推测为本病，确诊靠剖检或手术摘出到虫体。

4. 防治措施　与豆状囊尾蚴病相同。虫体位于浅部，可采取外科手术摘除(但不要让包囊内容物流出)。

(十)肉孢子虫病

本病是由兔肉孢子虫引起的在肌肉形成包囊为特征的疾病。白尾灰兔多发。

1. 病原 肉孢子虫在宿主的肌肉中形成包囊。兔的肉孢子虫，包囊长达5毫米，其内充满了滋养体。滋养体呈香蕉形，一端稍尖，大小通常为(12～18)毫米×(4～5)毫米。在姬姆萨氏染色的抹片中靠近钝端可看到核。

2. 典型症状和病理变化 轻度或中度感染的兔不显症状，感染很严重的可能出现跛行。剖检见病变发生在心肌和骨骼肌，特别是后肢、侧腹和腰部肌肉。在严重感染的病例，肉眼可看到顺着肌纤维方向有多数白色条纹。显微变化：可看到肌肉中有完整的包囊，不伴有炎性反应。

3. 诊断要点 通过剖检，肉眼看到与肌束方向平行的白色条纹可做出诊断。用割取的病肉块做抹片，在相差显微镜下检查有无能运动的香蕉形滋养体。也可用姬姆萨氏染色检查。大多数都是通过显微镜检查组织切片做出诊断。兔的肉孢子虫囊壁上有辐射状棘突。包囊通常是有中隔的。

4. 防治措施 目前尚无有效的治疗方法。本病的传播方式目前虽还没有搞清楚，但应将家兔与白尾灰兔隔离开来饲养，可减少或避免本病的发生。

(十一)棘球蚴病

本病是由细粒棘球绦虫的幼虫寄生于兔体内的肝

脏、肺脏等部位而引起的一种寄生虫病。

1. 病原　病原为细粒棘球绦虫的幼虫。虫体长为 2～7 毫米，由头节和 3～4 个节片组成。寄生于犬等动物小肠内的细粒棘球绦虫成熟后排出虫卵，虫卵直径 30～36 微米，外被一层辐射线条状的胚膜，里面含有六钩蚴，兔吞食了污染有虫卵的草和水，虫卵在消化道发育为幼虫，幼虫经血流到肝脏、肺脏等处生长为棘球蚴。

2. 典型症状和病理变化　轻度感染，一般不表现临床症状。由于棘球蚴生长缓慢，形状多种多样，大小不同，寄居部位不一，所以，可引起不同的临床表现，主要为消瘦、黄疸、消化紊乱；棘球蚴寄生于肺时，则表现喘息和咳嗽。严重者表现腹泻，迅速死亡。剖检见棘球蚴主要寄生于实质器官，常见于肝脏，在肝脏形成豌豆至核桃大的囊泡，切开流出黄色液体，切面残留圆形腔洞，囊壁较厚，内膜上有白色颗粒样头节。

3. 诊断要点　养兔场（户）有养犬史；生前很难诊断，可采用间接血细胞凝集试验和酶联免疫吸附试验。死亡兔在脏器内查到细粒棘球蚴可确诊。

4. 防治措施　养兔场（户）禁止养犬或对犬定期内服吡喹酮，按每千克体重 5 毫克，1 次内服。避免虫卵污染场地、饲草和饮水。治疗可用吡喹酮，一般按每千克体重 50～100 毫克，1 次口服。

（十二）螨　病

本病是由痒螨或疥螨引起的一种高度接触性皮肤寄生虫病。对养兔业危害较大。

1. 病原 痒螨和疥螨的体型大小与结构有所不同。

2. 典型症状和病理变化

(1)痒螨病 由兔痒螨和兔足螨引起。兔频频甩头,检查见耳根、外耳道内有黄色痂皮和分泌物或在头部、外耳道、脚掌下面的皮肤发生炎症和痂皮。

(2)疥螨病 由兔疥螨和兔背肛螨引起。一般先在头部和掌部无毛或短毛部位如脚掌面、耳边缘、鼻尖、口唇、眼圈等部位,引起灰白色痂皮,然后蔓延到其他部位,兔有痒感,频频用嘴啃咬患部。故病部发炎、脱毛、结痂、皮肤增厚和龟裂,采食量下降,最终消瘦、贫血而死亡。

3. 诊断要点 ①秋、冬季节多发;②皮肤特征病变,病变部有痒感;③在病部与健部皮肤交界处刮取痂皮检查,发现螨虫可确诊。

4. 防治措施 兔舍、兔笼定期用火焰或2%敌百虫水溶液进行消毒。发现病兔,应及时隔离治疗,种兔停止配种。

治疗:①伊维菌素,是目前预防和治疗本病的最有效的药物,有粉剂、胶囊和针剂,根据说明使用。②螨净,按1∶500比例稀释,涂搽患部。

治疗时注意:①治疗后,隔7～10天重复1个疗程,直至治愈为止。②治疗与消毒兔笼同时进行。③家兔不适于药浴,不能将整个兔浸泡于药液中,仅可依次分部位治疗。

(十三)兔虱病

本病是由各种兔虱寄生于兔的体表所引起的一种外

寄生虫病。

1. 病原　家兔的虱病一般为兔嗜血虱，成虱长1.2～1.5毫米，靠吸兔血维持生命。成熟的雌虫排出带有胶黏物质的、圆筒形的卵，能附着于兔毛根部，经过8～10天童虫从卵中钻出，成为幼虫。幼虫在2～3周内经3次蜕皮发育为性成熟的成虫。雌成虫交尾后1～2天开始产卵，可持续约40天。

2. 典型症状和病理变化　兔嗜血虱在吸血时能分泌有毒素的唾液，刺激神经末梢发生痒感，引起家兔不安，影响采食和休息。有时在皮肤内出现小结节、小出血点甚至坏死灶。病兔啃咬或到处擦痒造成皮肤损伤，可继发细菌感染，引起化脓性皮炎。患兔消瘦，幼兔发育不良，毛皮质量下降。

3. 诊断要点　家兔啃咬或到处蹭痒，用手拨开患兔被毛，肉眼可以看到黑色小兔虱，在活动部可见淡黄色的虫卵。定性须做寄生虫鉴别诊断。

4. 防治措施　要防止将患虱病的兔引入健康兔场。对兔群定期检查，发现病兔立即隔离治疗。兔舍要经常保持清洁、干燥、阳光充足，并定期消毒和驱虫，驱虫可用伊维菌素，剂量按说明使用。

治疗：①精制敌百虫1份与50份滑石粉均匀混合，用双层纱布包好，逆毛进行涂搽。②伊维菌素针剂、粉剂，按说明使用。

治疗时要求间隔8～10天重复施治1次，直至治愈。

(十四)兔蚤病

本病是由蚤引起一种体外寄生虫病。以瘙痒不安、皮肤发红和肿胀为特征。

1. 病原 兔蚤体左右扁平,覆盖着小刺,没有翅膀。体长1～9毫米,雄虫比雌虫小。腿部高度发达,能适应跳跃;口器为刺吸式,以吸食兔的血液为生。在兔体表或其巢穴内均可找到各发育阶段的虫体。

2. 典型症状和病理变化 兔蚤可引起兔瘙痒不安、啃咬患部,导致部分脱毛、发红和肿胀。

3. 诊断 在兔体表可找到兔蚤。

4. 防治措施 防止野兔进入家兔饲养场是控制本病的关键。治疗可使用杀虫剂,除杀死兔体蚤外,还应注意杀灭兔笼缝隙、洞穴或其他环境中的幼虫和卵。

思考题

1. 家兔寄生虫有哪些种类,主要危害是什么?
2. 使用驱虫药时应注意哪些问题?
3. 怎样防治家兔球虫病?
4. 螨病治疗时应注意什么?

第七章　兔场兽医统计工作

大、中型兔场每天应及时对兔群健康情况进行上报、统计，有助于兽医、场长了解群体健康水平，以便制订、采取相应措施。兽医统计工作主要由防疫员具体负责。

一、建立兔场兽医报告制度

大型兔场应建立兔场兽医报告统计制度，对兔场兔群每天出现的异常表现、死亡、解剖结果进行记录登记，有助于兽医师、场长（或总经理）了解兔群整体健康水平，根据统计结果及时采取措施，把一些群发性疾病控制在初期阶段。

兔群病、死兔由所在兔舍饲养人员负责申报（表 7-1），防疫员、兽医师对其进行现场核实，指导记录。病死兔由兽医师和防疫员在兽医室进行解剖，并做记录（表 7-2）。病理检剖方法参考本书病理剖检诊断技术部分。

免疫接种记录由兔场防疫员填写，记录各个兔群免疫注射时间、种类、参加人员等内容，以便随时查看，安排下次预防接种时间，或在销售种兔时交代购种者日后需要何时接种何种疫苗。

二、统计登记表及填写

(一)病兔、死亡兔登记、尸检记录、免疫接种记录表格

1. 病兔、死亡兔记录表 见表7-1。

表7-1 病兔、死亡兔日常记录表

兔舍： 排 号 饲养员：

日期	兔舍温、湿度	笼位	耳号（母兔耳号）	品种	性别	饲料种类	日龄（年龄或体重）	临床表现	治疗措施、效果	备注

2. 尸检记录表　见表7-2。

表 7-2　尸检记录表

尸检兔号　　　　尸检者　　　　参加者　　　　记录者

<table>
<tr><td colspan="6">疾病诊断</td><td colspan="6">家兔饲养人员
排　舍　　　　笼　位</td></tr>
<tr><td>疾病种类</td><td></td><td>品种</td><td></td><td>性别</td><td></td><td>年龄</td><td></td><td>毛色</td><td></td><td>其他特征</td><td></td></tr>
<tr><td>死亡时间</td><td colspan="3">年　月　日　时</td><td colspan="2">尸检时间</td><td colspan="4">年　月　日　时</td><td>尸检地点</td><td></td></tr>
<tr><td colspan="12">临床摘要与诊断</td></tr>
<tr><td colspan="12">其他(微生物、寄生虫、理化等)检查</td></tr>
<tr><td colspan="12">外部检查</td></tr>
<tr><td colspan="12">内部检查</td></tr>
<tr><td colspan="12">病理解剖学诊断</td></tr>
<tr><td colspan="12">组织学检查</td></tr>
<tr><td colspan="12">结论及建议采取的防制措施

主检者(签名)

年　　月　　日</td></tr>
</table>

3. 免疫接种记录表 见表7-3。

表7-3 免疫接种记录表 （附例示）

防疫员：

兔舍	兔群（多大日龄兔）	注射时间	注射何种疫苗、剂量	疫苗生产厂家、批次、生产日期	参加人员
3排2号	30日龄左右兔	2008-01-12	兔瘟单联苗，2毫升/只	厂家：×× 批次：××× 生产日期： 年 月 日	××× ×××

4. 表格填写说明

（1）兔舍、饲养人员 记录兔舍号和饲养人员名字。

（2）日期 记录兔只发病或死亡时间，尽可能准确记录死亡时间。

（3）兔舍温、湿度 记录当天本兔舍温度和湿度。

（4）笼位 发病兔所在的笼位，如三排2中，表示本舍第三排2中兔笼。

（5）耳号（窝别） 记录发病兔耳号，未断奶兔记录其母亲耳号和笼位。

（6）品种 记录品种或色型。

（7）性别 查看耳号，一般公左母右，或查看外阴部确定雌雄。

（8）饲料种类 发病兔所饲喂饲料的种类。外购饲料需注明生产厂家、生产日期等。

(9)日龄　发病兔日龄(根据耳号查其日龄或月龄),仔兔根据母兔分娩期确定日龄。

(10)临床表现　饲养人员、兽医师根据发病兔表现,进行记录。注意粪便性状(是否有黏液)、呼吸情况(急促、微弱、呼吸姿势等)、鼻腔(鼻液有无、黏液性状)、站立、躺卧姿势等外部表现。

(11)治疗措施、效果　发病后使用何种药物、给药方式(肌内注射、口服等)、药物剂量,效果(症状好转、无效等)。

(12)尸检记录　由兽医师解剖、记录内脏器官性状、病理变化等。

(13)诊断结果、采取的防制措施　根据流行病学、临床症状、剖检特点,必要时做实验室诊断,得出诊断结果,根据疾病采取哪些措施。

(14)疫苗　登记疫苗生产厂家、批次、生产日期,采购时间。

(二)尸检记录的编写原则

尸检记录最好在尸检过程中进行。如工作人员较多,可采用主检者口述,防疫员记录的方法,于剖检结束时,再由主检者审查、修改。应尽量避免剖检后凭记忆进行追记或补记,因为这样很难回忆起所有病变的详细情况,又有可能忽略很重要的病理变化。因此,只有在人力不足,当时记录确有困难时,才可考虑采用这种方法。但是,即使在这种情况下,也应在尸检完毕后立即补记,不要事隔数日再来追记。

尸检记录的内容次序和写法不必强求完全一致，但在记录的编写上，必须坚持以下 3 条原则。

第一，要客观。尸检记录最重要的原则，就是严格的客观实际，实事求是。记录中所描述的组织器官的变化，应反映出它本来的面貌，不扩大，不缩小，不增多，不减少，不虚构，不臆造。

第二，既要详细全面，又要突出重点。详细全面，就是要看到尸体的全部病变；突出重点，就是要用全力找出主要病变。完整的尸检记录，一般应包括各系统器官的变化，因为这些变化都是互相联系的。有时肉眼看来，某种似乎不明显、不重要的变化，可能就是诊断疾病的重要线索，如果忽略不记，就会给诊断造成困难，所以只有详细全面，才能概括出某一疾病的全貌。但是，大多数疾病的变化，总是较明显的定位在个别组织器官或某一系统。因此，记录时也应抓住主要变化，突出重点，有主有从。

第三，用词要明确、清楚。记录用词和术语，主要用在描述，记载器官和病变的大小、重量、容积、位置、形状、颜色、湿度、透明度、质地、结构、气味、厚度等方面。描述时要严格避免涉及病变本质的提示，也就是说不要以病理解剖学术语来代替病变的自然状况。记录词语可以通俗易懂，但必须明确、清楚，不能含糊不清。例如，大小可以比喻“小米粒大”，但不能写成“米粒大”；重量宜用数字表示，切忌用“增加”、“减少”等主观判断的名词；形状可比拟“卵圆形”，但不能比作“树叶形”；颜色可描述为“淡黄色”，但不能写为“有颜色”。必须特别指出，对于没有肉眼变化的器官，一般不下“正常”、“无变化”结论，因为无眼观变化，不一定就没有组织细胞变化，通常可用“无肉眼可见变化”或“未见异常”等词语来概括。

三、兽医统计结果分析

(一)兽医统计常用的术语与指标

兔场兽医统计常用的术语、指标主要有以下几个。

1. 感染率　特定时间内，某疫病感染家兔(调查当时)的总数在被调查(检查)家兔群样本中所占的比例。

感染率＝感染家兔只数/被调(检)查家兔总数×100％

2. 发病率　在一定时间内新发生的某种家兔疫病病例数与同期家兔总只数之比，常以百分率表示。

发病率＝新生病例数/同期平均家兔总只数×100％

“家兔总只数”系对该种疫病具有易感性的家兔总只数，特指者例外；“平均”系指特定期内(如1月或1周)存养均数。此注亦适用于病死率、死亡率、患病率。

3. 病死率　一定时间内某病病死的家兔只数与同期确诊该病的病例总数之比，以百分率表示。

病死率＝某病病死家兔只数/同期确诊的该病例家兔总数×100％

4. 死亡率　家兔群体在一定时间死亡家兔总数与该群同期家兔平均数之比值，常以百分率表示。

死亡率＝(一定时间内)家兔死亡总数/该群体家兔的平均总数×100％

5. 患病率 又称现患率。表示特定时间内，某地家兔群体中存在某病新老病例的频率。

患病率＝患病例数/受检家兔只数 ×100％

6. 流行率 在调查时，特定地区某病(新老)感染只数占调查只数的百分率。

流行率＝某病(新老)感染只数/被调查家兔只数×100％

(二)兽医统计结果分析

兽医师根据防疫员每天对各兔舍上报的病兔、死亡兔统计表进行整理、归纳、统计和分析。对于全场有相同或相似症状造成群体发病的情况，要特别引起注意，分析其原因，常见原因有饲料问题(配方改变、霉变等)、气候突变(高温或寒冷等)、免疫(免疫程序、疫苗质量)等问题，并迅速采取措施，消除病因，进行有效地控制。对于个别兔舍兔群散发病例也要查找原因，找出原因所在，及时进行纠正。

思考题

1. 为什么要建立兔场兽医报告制度？
2. 如何填写防疫注射记录登记？
3. 如何填写尸检报告？

参考文献

[1] 任克良,梁全忠,等.现代獭兔养殖大全.太原:山西科学技术出版社,2002.

[2] 王永坤,刘秀梵,符敖齐.兔病防治.上海:上海科学技术出版社,1990.

[3] 任克良主编.兔病诊断与防治原色图谱.北京:金盾出版社,2003.

[4] 蒋金书主编.兔病学.北京:北京农业大学出版社,1991.

[5] 晋爱兰主编.兔病防治指南.北京:中国农业出版社,2005.

[6] 刘宗平主编.兔病简明诊治技术.北京:中国农业出版社,1998.

[7] 任克良主编.无公害獭兔养殖大全.太原:山西出版集团,山西科学技术出版社,2007.

[8] 谷子林主编.獭兔养殖解疑 300 问.北京:中国农业出版社,2006.

[9] 刘鹤翔主编.家畜环境卫生.重庆:重庆大学出版社,2007.

[10] 周翠珍主编.动物药理学.重庆:重庆大学出版社,2007.

[11] 马新武,陈树林主编.肉兔生产技术手册.北京:中国农业出版社,2000.

[12] 任家琰,等.兔病诊断与防治手册.北京:中国农业大学出版社,1999.

[13] 聂奎主编.动物寄生虫病学.重庆:重庆大学出版社,2007.